Kurtzweilige Beschreibung der löblichen Spinn- vnd Rockenstuben/ vnd was darinnen gemeiniglich denckwürdiges practiciret vnd gehandelt wird/ etc.

MEin lieber Leser / steh hier still
Hör was ich kurtz erzehlen will.
Von einer feinen Compagny/
Wie du dann sihst vor Augen hie.
Wie es vor Zeiten vnd fort an/
Auff Spinnstuben pflegt zu zugahn.
Hät dir es auch viel Artlicher
Viel besser vnd viel stattlicher
Nicht können thun/ als ich wolan
Mit dieser Figur hab gethan.
Da thut es (wolst mich recht verstehn)
Vber vnd vber zu zugehn.
Dann etlich schlaffen/ etlich singen/
Etliche Tantzen oder Springen.
Etliche miteinander schertzen/
Küssen/ Liblen/ sich freundlich Hertzen:
Etliche schlagn vnd schmeissen drein/
Etlich verschütten Bier vnd Wein.
Hergegen etlich frölich Trincken/
Einander mit den Augen wincken.
A. Nachbar Cuntz Tantzt mit seiner Gretn/
Thut drüber bald sein Hosn verzetn.
B. Claß spring ins Feld mit seiner Basen
Tantzt/ sie will nicht vom Rocken lassn.
C. Deß Pfaffen-Magd hats glücket nit/
Dann sie hat Rübn vnd Kraut verschütt.
D. Darzu ist Hänsigen wol auff/
Will sie noch stossen vbern Hauff.
E. Deß Schultzen Mart/ wie ich versteh/
Fält vnd kehrt die Bein in die Höh.

F. Das gfält jhrem Buhl dem Fritzen nicht/
Drüber vergeht jhm sejn Gesicht.
G. Der Schultz im Dorff sich nicht viel regt/
Beym Wasserkübel sitzt vnd schläfft.
H. Mit seiner Pfeiff Frantz Biedermann
Der thut nicht weit vom Ofen stahn.
I. Matz Kaltenbergern frieret sehr/
Drumb stelt er sich zum Ofen her.
K. Die Gvatter Grein jhrn Gvatter Koch
Nimbt in die Arm vnd küst jhn noch.
L. Curdt Seltenfroh will sich verkriechn/
Mit Elßgen hintern Ofen schlieffn.
M. Veit Schnitzer der muthwillig Gsell
Macht Baß Claren ein Vngefell.
Daß jhr die Spindel thut entfallen:
N. Baß Margreth thut solchs nicht gefallen.
O. Fritz Trinckauß/ mit seim schönen Krantz/
Sitzt bey seim Schatz/ ist nicht beym Tantz.
P. Dann er trinckt es zu seiner Braut/
Drumb ist er auch ein gute Haut.
Q. Sein Schwieger sitzt auch bey dem Tisch/
Hät sies nur bald/ so tränck sie frisch.
R. Frantz Wochendölpel jhr Gvatter Mann/
Schläfft/ kan nicht auff den Füssen stahn.
S. Ditz Guckguck schawt zum Fenster hinein/
Wolt auch gern bey der Gsellschafft seyn.
T. Sebald Scheutzlich der gschickte Mann/
Der will das An- vnd Einsehn han.
V. Darzu sein liebe Bärbel gut
Mit einem Liecht jhm leuchten thut.

W. Vlrich Flegeln gefält der Strauß/
X. Baß Appel lescht jhr Liecht bald auß.
Y. Deß Hirten Mutter Lisabeth/
Dieser Handel zu Hertzen geht.
Dann sie weiß noch wol Zeit vnd Tag/
Daß sie auch so zu Leben pflag.
Denckt/ auch noch wol der guten Zeit/
Darinn sie hät gar manche Frewd.
Z. Gangolffs Hans der vnruhig Tropff
Was kompt jhm nur in seinen Kopff.
Daß er Vrsul deß Schreiners Basn
Mit frieden nicht will Spinnen lassn.
Verschütt darzu den guten Wein/
Daß mag mir wol ein Dölpel seyn.
Es bemüht sich der arme Tropff/
Daß jhm der Hut auch fält vom Kopff.
Deß Schreiners Vrsel werth sich sehr/
Schlegt mit dem Rocken vngefehr
Entfalt jhr Würtel vnd die Spindl:
Mich deucht/ es sey ein fein Gesindl?
Wie könt diß Gsindel feiner seyn/
Ist doch darbey die gantze Gmein
Im Dorff/ so wol oben als vntn?
Drumb sein sie lustig zu den Stundn
Den Abend so wol als den Morgn/
Lassn den Pfaffn sein Köchin versorgn.
Versorgn sich vntereinander auch/
Dann bey Spinnstubn ein solcher Brauch/
Wie ich jetzund gezeuget an/
Von Knechten/ Mägden/ Weib vnd Mann:
Ade/ ich hab das mein gethan.

Zufinden in Nürnberg bey Paulus Fürst Kunsthändlern/ etc.

Abb. 1: Satire auf das unzüchtige Treiben in den Spinnstuben.

Holzschnitt von H.S. Beham, 16. Jh., nach Fuchs 1909.

„Ihr Parzen / di ihr uns den Lebens-Fadem spinnet/
Wi kommts: daß einem Gold von eurem Rocken rinnet?
Daß ihr dem Silber dreh't / dem andern Stal und Blei?
Dem reist di Spille bald dem andern spät' entzwei."

Antonius in „Cleopatra", Daniel Casper von Lohenstein 1661.

Ulrike Claßen-Büttner

Spinnst Du? - Na klar!

Geschichte, Technik und Bedeutung des Spinnens
von der Handspindel über das Spinnrad
bis zu den Spinnmaschinen der Industriellen Revolution

Umschlagfoto: Spinnen mit der Handspindel auf Burg Kipfenberg, Juliane Schwartz 2009

Ulrike Claßen-Büttner

Spinnst Du? - Na klar!

Geschichte, Technik und Bedeutung des Spinnens
von der Handspindel über das Spinnrad
bis zu den Spinnmaschinen der Industriellen Revolution

Bibliografische Information der Deutschen Nationalbibliothek

Die Deutsche Nationalbibliothek verzeichnet diese Publikation in der Deutschen Nationalbibliografie; detaillierte bibliografische Daten sind im Internet über dnb.d-nb.de aufrufbar.

Herstellung und Verlag:
Books on Demand GmbH, Norderstedt.
ISBN 978-3-8391-1742-2

INHALT

Vorwort

Dieses Buch entstand als Begleitband zur Mitmach-Ausstellung „Spinnst Du!?“ im Römer und Bajuwaren Museum Kipfenberg 2009. In den einzelnen Kapiteln werden zwar die Themen der Schautafeln aufgegriffen, das Buch bietet aber deutlich detailliertere Informationen als die Tafeltexte. Somit ist es kein Katalog zur Ausstellung, sondern soll ganz unabhängig für alle Interessierten ein Grundwissen zur Geschichte, Technik und Bedeutung des Spinnens vermitteln. Besonderer Wert wurde auf eine ausführliche Literaturliste gelegt, damit das Buch allen Wissenshungrigen ein Ausgangspunkt für weitere Recherchen sein kann.
Da „Spinnst Du? - Na klar!“ als „book on demand“ herausgebracht wird, ist es relativ einfach, für spätere Auflagen noch Veränderungen einzufügen. Daher würde ich (die Autorin) mich über Kritik, Anregungen und Verbesserungsvorschläge von Euch (den Lesern) freuen.
Alle Abbildungen im Buch, bei denen es keine Quellenangabe gibt, sind Fotos oder Grafiken der Autorin.

Abb. 2: Plakat zur Ausstellung „Spinnst Du!?“ im Römer und Bajuwaren Museum Kipfenberg.

Der Anlass für „Spinnst Du!?“ ergab sich zufällig: Während ich für meine Dissertation über prähistorische Textiltechniken am Kapitel zum Thema Spinnen arbeitete, erfuhr ich, dass der Sonderausstellungsraum des Museums im folgenden Sommer nicht belegt sein würde. Mit dem Gedanken an meine Sammlung von Spinngeräten im Hinterkopf, bot ich an, eine kleine Spinn-Ausstellung zu konzipieren. Je länger ich daran arbeitete, desto größer wurde sie jedoch. Und da das Römer und Bajuwaren Museum im Bereich der Museumspädagogik sehr aktiv ist, wurde daraus letztendlich ein komplettes Aktionsprogramm zum Thema Spinnen mit Ausstellung, Mitmach-Stationen, Videos, Spinnprogrammen für Gruppen und Schulklassen sowie einer Reihe von Kursen zu verschiedenen textilen Techniken.

Natürlich möchte ich dieses Vorwort auch nutzen, um mich bei allen Leuten zu bedanken, die meine Arbeit an Ausstellung und Buch unterstützt haben.

An erster Stelle gilt mein Dank Juliane Schwartz, der Leiterin des Römer und Bajuwaren Museums Kipfenberg. Sie hat mir nicht nur dieses Projekt ermöglicht, sondern mich auch in jeder Hinsicht unterstützt und es mir nebenbei sehr erleichtert, mich in Bayern langsam ein wenig heimisch zu fühlen.
Ich danke der Landesstelle für die nichtstaatlichen Museen in Bayern für die finanzielle Unterstützung des Aktionsprogramms und vor allem Frau Dr. Hannelore Kunz-Ott für ihre große Hilfsbereitschaft.
Auch dem Verein der Freunde und Förderer des Römer und Bajuwaren Museums möchte ich herzlich danken.
Für die Unterstützung bei der Recherche und beim Layouten gilt mein Dank dem Team der Dienststelle Ingolstadt des Bayerischen Landesamtes für Denkmalpflege.
Dr. Gerd Riedel und dem Stadtmuseum Ingolstadt danke ich für die Leihgabe einiger archäologischer Fundstücke.
Dem wunderbaren Medium Internet verdanke ich Kontakte zu interessanten Menschen aus aller Welt, die mir für die Ausstellung und dieses Buch die Erlaubnis gaben, ihre Fotos oder Filme zu zeigen und von denen ich viel gelernt habe.
Auch Kollegen und Freunde haben mir mit Bildern, Ideen und Hinweisen weitergeholfen. Neben meinem Mann und meinen Eltern haben vor allem Dorothée Möhle und Andreas Schaflitzl mühseliges Korrekturlesen auf sich genommen. Ihnen und allen, die ich jetzt nicht mehr habe aufzählen können: Ein herzliches Dankeschön!
Gewidmet sei dieses Buch meinem Mann Erich Claßen, der mir bei meiner ganzen Spinnerei immer zur Seite gestanden hat – und dies auch hoffentlich weiterhin tun wird.

Abb. 3: Eva spinnt und Adam arbeitet auf dem Feld. Symbolische Darstellung des mühseligen Überlebenskampfes seit der Vertreibung aus dem Paradies.
Queen Mary Psalter, England, 14 Jahrhundert, nach Warner 1912.

I. Die Menschheit spinnt!

Sowohl das Buch als auch die Ausstellung beginnen mit der Suche nach Antworten auf die großen W-Fragen: WARUM spinnen wir, WIE funktioniert das Spinnen, WAS wird versponnen, WANN wurde WO und WIE gesponnen und WER genau spinnt da eigentlich?
Im zweiten Teil geht es darum, einen Blick in die Vergangenheit zu werfen und die Spinntechnik in einem Schnelldurchlauf durch alle Zeiten genauer zu betrachten.
Den Abschluss bildet eine Rundumschau zum Spinnen in unserer modernen industrialisierten Welt: Wo begegnet uns das Spinnen heute noch? Nur im Märchen oder vielleicht doch auch noch als echte Handarbeit?

Warum wir spinnen

Kleidung ist für uns heutzutage etwas ganz Alltägliches. Sie wird als Massenware produziert und in jeder Stadt gibt es unzählige Geschäfte, die Bekleidung unterschiedlichster Art anbieten. Kaum jemand macht sich noch die Mühe ein Loch zu stopfen oder einen Riss zu flicken – Kleidungsstücke sind Wegwerfprodukte geworden. Wir kaufen sie fix und fertig im Geschäft und haben ganze Schränke voll davon. Wir können sogar jeden Tag etwas anderes tragen. Aber das war nicht immer so. Noch im 18. Jahrhundert galt es für das einfache Volk schon als Luxus zwei verschiedene Kleidergarnituren zu besitzen.

Bekleidung ist für uns ähnlich bedeutend wie Essen und Trinken. Allerdings ist es kaum jemandem wirklich bewusst, dass Bekleidung in Mitteleuropa überlebenswichtig ist. Nackt hätte der Mensch selbst im Sommer in unseren Breiten schlechte Chancen. Wer nicht direkt an Unterkühlung stirbt, wird wahrscheinlich schnell krank und stirbt dann daran.
Nur in den tropischen Regionen längs des Äquators ist es so warm, dass man auf Bekleidung verzichten könnte. Doch als die ersten Menschen vor über 500.000 Jahren bei uns einwanderten, war das nur möglich, weil sie gelernt hatten das Feuer zu beherrschen und warme Kleidung herzustellen.
Während bei uns die Eiszeit herrschte, war dicke Fellbekleidung notwendig, wie sie bis heute in arktischen Regionen getragen wird. Für das gemäßigte Klima jedoch, das seit etwa 10.000 Jahren in Mitteleuropa herrscht, sind Textilien der optimale Schutz gegen Wind und Wetter. Auch wenn das Herstellen von Kleidung aus textilen Stoffen arbeitsintensiver ist als das von Bekleidung aus Fellen und Leder, haben sich die Stoffe letztendlich durchgesetzt. Denn Stoffe können je nach Herstellungstechnik mit den unterschiedlichsten Eigenschaften ausgestattet sein: dick oder dünn, luftdurchlässig oder winddicht, wärmend oder kühlend, Schutz gegen Sonne, Schnee oder Regen, elastisch oder fest, ...

Aber unsere Kleidung hat nicht nur den Zweck, uns vor Umwelteinflüssen zu schützen. Sie ist auch zu einem wichtigen Bestandteil unserer Kultur geworden. Ob bewusst oder unbewusst: schon beim ersten Blick auf einen Menschen ziehen wir aus seiner Kleidung Schlüsse über ihn. Über Kleidung kommunizieren wir auch miteinander. Wir senden Signale aus, die ganz unterschiedlichen kulturellen Bereichen entstammen. Untersucht man Bekleidung von diesem Blickwinkel aus, redet man in der Wissenschaft von Trachten. Im normalen Sprachgebrauch verbindet man damit meist alte, traditionelle Kleidergarnituren. Aber es gibt auch moderne Trachten, auch wenn man sie (noch) nicht so nennt: theoretisch könnte man beispielsweise eine Studie zum Vergleich der unterschiedlichen Trachten von Punks und Rappern durchführen.
Kleidung kann je nach kulturellem Umfeld vieles über einen Menschen verraten: woher kommt er, ist er verheiratet oder ledig, welcher Berufsgruppe oder politischen Richtung gehört er an, welche Hobbys hat er, welcher Gesellschaftsschicht oder Kaste gehört er an, ist er reich oder arm, welche Musik hört er,

etc. Diese Aufzählung ließe sich noch beliebig fortsetzen. Aber genug von der Bedeutung der Bekleidung, jetzt soll es darum gehen, wie sie entsteht!

Wenn man ganz bewusst einen neugierigen Blick in seinen Kleiderschrank wirft, wird man feststellen, dass fast alles darin aus gesponnenen Garnen besteht, die in irgendeiner Form weiter verarbeitet wurden. Und Garne brauchen wir nicht nur für unsere Kleidung. Viele alltägliche, praktische und schöne Dinge bestehen aus versponnenen Fasern: Taschen, Decken, Zelte, Bettwäsche, Sitzbezüge, Hängematten, Tischdecken, Netze, Segel, Wäscheleinen und noch vieles mehr.
Wenden wir uns also der Frage zu, wann die Menschen die Technik erfunden haben, mit der man diese nützlichen Garne herstellen kann.

Abb. 4: Links Spinnerin mit Handspindel, rechts mit Spinnrad, unten eine der frühen neuzeitlichen Spinnmaschinen: die drei wichtigsten Entwicklungsschritte der Spinntechnik.

Zusammenstellung aus Herders Konversationslexikon 1907.

Seit wann wird gesponnen?

Wie alt die Spinntechnik ist und wo ihr Ursprung liegt, ist nicht mehr genau zu ermitteln. Man weiß jedoch, dass das Spinnen an verschiedenen Orten der Welt unabhängig voneinander erfunden wurde.

Durch einfaches Verdrillen von Fasern mit den Händen wurden nachweislich schon vor über 25.000 Jahren Schnüre hergestellt, vermutlich aber schon viel länger. Echtes Spinnen mit einer Handspindel oder einem ähnlichen Gerät gibt es seit mindestens 10.000 Jahren. Im 13. Jahrhundert sind für Mitteleuropa erstmals frühe Formen des Spinnrads belegt. Im 18. Jahrhundert begann die Industrielle Revolution und damit das Ende der häuslichen Textilproduktion. Zu den ersten und wichtigsten Erfindungen gehören Spinnmaschinen wie die *spinning jenny*. Erst in dieser Zeit setzte der Wandel ein, der dazu führte, dass sich zwar heute jeder seine Kleidung im Geschäft kaufen kann, aber kaum noch jemand in der Lage wäre, diese eigenhändig herzustellen.

Beim Spinnen werden mit Hilfe eines Gerätes lose Fasern zu einem Garn verdreht. Die

Bezeichnung Garn ist laut DIN 60900 ein Sammelbegriff für alle linienförmigen textilen Gebilde. Garne bestehen aus einer oder mehreren Fasern und können theoretisch (technisch) endlos lang gesponnen werden. Von einem Faden spricht man dagegen, wenn man ein begrenztes Stück eines Garnes meint.

Fast alle Ausgangsmaterialien für Garne wie Wolle, Baumwolle oder Flachs bestehen ursprünglich nur aus einzelnen kurzen Fasern. Um daraus durch Weben oder andere Techniken Stoffe herstellen zu können, muss man diese Fasern zu einem einzigen langen Faden verspinnen. Bevor nun das Prinzip der Spinntechnik erklärt werden soll, gilt es noch die Frage zu klären, warum überall auf der Welt gesponnen wird und es anscheinend keine guten alternativen Techniken gibt.

Ist das Spinnen die optimale Methode zur Garnherstellung?

Garne entstehen durch das Verbinden kurzer Fasern zu einem langen stabilen aber immer noch elastischen Faserbündel.

Das kann man auch erreichen, indem man einzelne Fasern miteinander verknotet oder verflechtet. Beide Methoden sind jedoch relativ langsam und bei der erstgenannten hat der entstehende Faden zudem überall störende Knoten. In der Praxis ist beides nur mit langen Fasern wie beispielsweise Bast durchführbar. Für feinere und kürzere Faserarten wie Baumwolle oder viele Wollsorten kommen diese Techniken nicht in Frage.

Wenn man mehrere Fasern nimmt und sie leicht überlappend miteinander verdreht, dann hält der Drall die Fasern auch ohne Knoten zusammen und ein Stück Faden entsteht. Fügt man am offenen Ende Fasern hinzu und dreht weiter, so fügen sie sich in den Faden ein und er wird länger.

Dieses Verdrillen von Fasern mit der Hand ist zwar relativ einfach, dafür aber langsam und der Faden löst sich wieder auf, wenn man ihn einfach los lässt. Schon vor vielen Jahrtausenden hat der Mensch jedoch die beiden Fragen des „Wie sichere ich den fertigen Faden?“ und „Wie geht es schneller?“ beantwortet. Er erfand ein simples und doch optimales Werkzeug: Die Handspindel. Die Erfindung des Spinnrades und moderner Spinnmaschinen dienten nur dazu, das Spinnen schneller und bequemer zu machen. Das Prinzip des Spinnens jedoch ist seit damals gleich geblieben: Fasern werden „verstreckt“ (auseinander gezogen), umeinander verdreht und dann aufgewickelt.

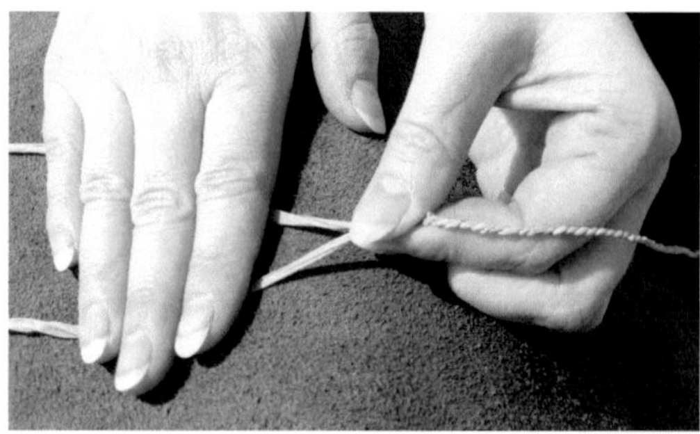

Abb. 5: Eine Vorstufe zum Spinnen ist das Verdrillen von Hand. Auf dem Foto werden parallel zwei Basststränge verdrillt und sofort in entgegengesetzter Richtung verzwirnt. Durch den gegenläufigen Drall ist der Zwirn stabil.

Abb. 6: Gesponnen wurde und wird fast überall auf der Welt.

Bild links: Spinnerin in Sarayönü, Türkei (Foto Susan Henderson, Washington Tyne and Wear, England); Mitte oben: spinnendes Mädchen vom Stamm der Chama, Peru (Foto John Tucker, Texas, USA); Mitte unten: Spinner am Spindelrad in Teotitlan, Mexiko (Foto Thomas F. Aleto, Bloomsburg University); rechts oben: Spinnen an der Bushaltestelle in Iza, Columbien (Foto Philip Bouchard, Sunnyvale, California), rechts unten: Tibetanischer Hirte (Foto Jens Nykjaer Paulsen, Brüssel).

Das Prinzip des Spinnens – Idee und Technik

Was bedeutet es zu Spinnen?

Heute denken die meisten Menschen bei „Spinnen“ zuerst an die achtbeinigen Krabbeltiere oder an jemanden, der irgendetwas Verrücktes macht. Doch ursprünglich steht das Wort Spinnen für eine Tätigkeit, bei der man aus einem Vorrat lockere Fasern herauszieht und diese mit einem Spinngerät zu einem stabilen Faden verdreht.

Sucht man in Lexika und Enzyklopädien der letzten Jahrhunderte nach Definitionen für das Spinnen, so findet man verschiedene Varianten. Allen gemein ist, dass ein Verdrehen von einzelnen kurzen Fasern zu einem langen Garn dazugehört. Manche schließen zusätzlich das Herausziehen der Fasern aus dem Faservorrat, bzw. das Hinzuführen der Fasern zum Faden mit in die Definition ein, andere die Verwendung eines Spinngerätes. Sehr allgemeine Definitionen bezeichnen sogar alle der Faserart angepassten Arbeitsgänge zur Garnherstellung als Spinnen. Diese Definition zählt damit im Grunde auch die vielen komplexen und speziellen Vorgänge der Faseraufbereitung mit zum Spinnen.

Im vorliegenden Buch ist mit Spinnen das Verstrecken und anschließende Verdrehen einzelner Fasern zu einem Garn mithilfe eines Spinngerätes gemeint. Das reine Verdrillen von Fasern per Hand ist in dieser Definition nicht mit eingeschlossen. Es war ein Entwicklungsschritt auf dem Weg zur Erfindung des Spinnens mit einem Spinngerät.

Wie wächst ein Faden?

Wer selbst einmal versucht, aus einer Handvoll Wolle einige Fasern herauszuziehen und dabei einen Faden zwischen Daumen und Zeigefinger zu drehen, wird feststellen, dass es recht einfach ist. Aber es geht langsam voran, und dieser Methode sind Grenzen gesetzt - und zwar vor allem durch die Länge der eigenen Arme. Spätestens, wenn man eine Armspanne Faden produziert hat, muss man diesen loslassen, um weiter arbeiten zu können. Ließe man ihn jedoch einfach herabhängen, würde er sofort anfangen sich zu verdrillen oder sich wieder aufzulösen. Um das zu verhindern, gibt es nur zwei wirklich praktikable Möglichkeiten:

Nimmt man ein frisch gedrehtes Fadenstück und knickt es in der Hälfte, dann wickeln sich die beiden Hälften ganz von selbst entgegen der Spinnrichtung umeinander und bilden so einen kurzen aber stabilen Zwirn. Um dieses „natürliche“ Verhalten zu nutzen, kann man parallel zwei Fäden herstellen und diese direkt miteinander verzwirnen. Diese Technik lässt sich vor allem mit längeren Fasern, wie zum Beispiel Bast anwenden (Beispiele aus der Ethnologie gibt es z.B. bei Winiger 1995, S. 163). Möglicherweise sind auf diese Weise die aus der Altsteinzeit nachgewiesenen

Schnüre aus pflanzlichen Fasern hergestellt worden.

Die zweite Möglichkeit, um einen mit der Hand verdrillten Faden vom Wieder-Aufdrehen abzuhalten, ist das straffe Aufwickeln des Fadens, beispielsweise um einen Stein oder einen Stock. Allerdings muss man nun beim weiteren Verdrehen von Fasern den bereits aufgewickelten Faden oder das unversponnene Fasergut immer mitdrehen, was die Arbeit deutlich verlangsamt.
Es gibt jedoch Methoden, einen Stein oder Stock schneller zu drehen als in der Hand: Hat man den Faden auf einen Stein gewickelt, kann man die Umwicklung mit einem Stöckchen gut fest stecken (damit der Faden sich nicht abwickelt), und dann den Stein in der Luft kreiseln lassen. Durch das Gewicht des Steins entsteht eine gleichmäßige, lange Drehbewegung. Damit hat man eine einfache Handspindel-Vorform.
Hat man den Faden auf einen Stock gewickelt, kann man diesen relativ schnell drehen, wenn man ihn über eine ebene Oberfläche, wie z.B. den Oberschenkel rollt. Hat der Stock an einem Ende einen Haken, rutscht der Faden nicht so leicht vom Stock. Es gibt aber auch die Möglichkeit, den Faden beim Drehen gezielt vom Stock abrutschen zu lassen. Dazu hält man beim Drehen oder Rollen den Stock leicht schräg zum entstehenden Faden. Dann rutscht dieser immer wieder über das obere Ende ab, wobei sich die Drehung auf den wachsenden Faden überträgt. Hat dieser eine gewisse Länge erreicht, wickelt man ihn auf dem Stock auf.
Der nächste logische Verbesserungs-Schritt ist eine Kombination aus Stein und Stock, ein beschwerter Stock sozusagen. Spätestens jetzt sind wir beim „echten" Spinnen angelangt. Denn die klassische Handspindel ist im Prinzip solch eine Kombination aus Stock und Stein, also einer Achse (Spindelstab) und einem Schwunggewicht (Spinnwirtel). Der neu entstehende Faden wird nicht langsam von Hand verdrillt, sondern durch die übertragene Rotation der sich wesentlich

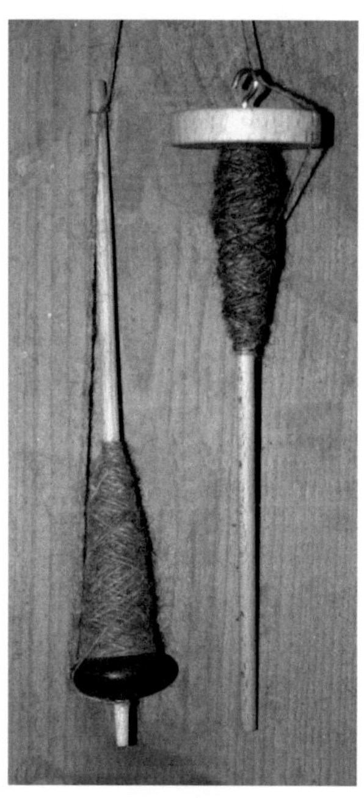

Abb. 7: Die Handspindel besteht aus einem zentralen Spindelstab und einem als Schwunggewicht dienenden Spinnwirtel. Der Wirtel stabilisiert und verlängert die kreiselartige Drehung der Spindel. Je nach Position des Wirtels unten oder oben unterscheidet man Fuß- und Kopfspindeln - aber nicht verwirren lassen: auch die Fußspindel ist eine Handspindel!

schneller drehenden Spindel. Der auf der Spindel aufgewickelte Faden wird dabei immer automatisch mitgedreht und ist nicht mehr im Weg.

Spinnen mit der Handspindel

Bei der Handspindel wurde erstmals in der Geschichte der Menschheit nachweislich das Prinzip einer theoretisch unendlichen Drehbewegung in eine Richtung verwirklicht. In der Natur ist diese Art der Bewegung selten (z.B. Planetendrehung), normalerweise drehen sich Dinge nur bis zu einer gewissen Grenze in die eine Richtung und müssen sich anschließend wieder zurück drehen (z.B. Gelenke). Und da sich bei der Spindel zudem noch eine runde Scheibe mit einer Achse dreht, kann man mit Fug und Recht behaupten, dass auf dieser Erfindung basierend einige Jahrtausende später das vielgerühmte Rad erfunden wurde (Horwitz 1934, S. 111 ff. und Bohnsack 2002, S. 34).

Die Handspindel und damit auch das echte Spinnen sind spätestens seit der Jungsteinzeit bekannt, und seit Jahrtausenden unverändert in Gebrauch. In vielen Teilen der Welt wird sie bis heute genutzt, also auch noch lange nach der Erfindung des Spinnrades und moderner Spinnmaschinen. Die Handspindel ist günstig herzustellen, sie ist gut zu transporieren und lässt sich fast immer und überall benutzen.
Handspindel, Spinnrad und moderne Spinnmaschine funktionieren nach dem gleichen Grundprinzip: Eine Spindel oder Spule dreht sich um die eigene Achse. Auf ihr ist das fertige Garn aufgewickelt. Durch die Drehung der Spindel wird der Drall über den Garnanfang in den unversponnenen Faservorrat weitergeleitet. Hier verdrehen sich die losen Fasern umeinander. Durch das Herausziehen neuer Fasern aus dem Vorrat wächst Stück für Stück ein stabiler Faden. Die eigentliche Kunst des Spinnens besteht darin, den Drall so in die losen Fasern laufen zu lassen, dass sich ein Faden in der gewünschten Stärke bildet. Denn nimmt man zu viele neue Fasern hinzu, wird der Faden immer dicker, bis schließlich ein Verdrehen nicht mehr möglich ist. Nimmt man zu wenig neue Fasern, so wird der Faden immer dünner, bis er schließlich reißt oder durch ein Überdrehen an der schwächsten Stelle bricht. Wenn man jedoch einmal den sprichwörtlichen „Dreh raus hat", ist es gar nicht so schwierig. Wer es selbst einmal probieren möchte, sei an dieser Stelle auf die Anleitung am Ende des Buches verwiesen.

Und was kommt dabei heraus?

Beim Spinnen entstehen Garne, also Fäden von theoretisch unendlicher Länge. Abhängig vom Fasermaterial, der Drehstärke und der Drehrichtung erhält man unterschiedliche Garne. Dreht man die Spindel im Uhrzeigersinn, spricht man von einem Z-gesponnenen Garn, weil der Faserverlauf im Faden von rechts oben nach links unten verläuft – wie der Mittelteil des Buchstaben Z. Analog dazu nennt man gegen den Uhrzeigersinn gedrehtes Garn S-gesponnen, weil der Faserverlauf von links oben nach rechts unten verläuft. Um die Stärke der Drehung zu ermitteln, misst man den Dreh- oder Neigungswinkel der Fasern im Garn. Ein „ungesponnenes Garn“, wenn es das gäbe, hätte theoretisch einen Faserverlauf parallel zum Fadenverlauf. Durch eine leichte Drehung entsteht eine Schräglage der Fasern und damit ein spitzer Winkel im Verhältnis zur Längsachse des Garns. Je flacher der Winkel ist, desto stärker ist das Garn gedreht, und desto fester, härter und reißfester ist es (Seiler-Baldinger 1973, S. 3 ff.).

Um stabilere Garne zu erhalten, werden häufig zwei oder mehr Fäden miteinander verzwirnt. Die Zwirnrichtung verläuft üblicherweise entgegen der Spinnrichtung, da sich das Garn dabei ausgleichen kann. So werden Z-gesponnene Garne meist zu S-gezwirnten Mehrfachgarnen verzwirnt. Bei archäologischen Textilfunden lassen sich manchmal für bestimmte Zeiten und Regionen bevorzugte Spinn- und Zwirnrichtungen nachweisen, z.B. sind alte ägyptische Leinenfunde fast immer S-gesponnen. Gründe hierfür können Traditionen oder auch die verwendeten Spinntechniken sein. Da sich feuchte Flachsfasern von selbst leicht in S-Richtung kräuseln, wurde zeitweise vermutet, dass diese natürliche Drehung der Grund für die favorisierte Drehrichtung beim Spinnen war. Aber für andere Faserarten oder Regionen lässt sich solch ein Zusammenhang nicht nachweisen (Barber 1991, S. 65 ff.). Die ägyptische S-Drehung ist vermutlich eher durch die in Grabmalereien überlieferte Spinntechnik bedingt: Man verwendete Kopfspindeln, die man zur Erhöhung der Drehgeschwindigkeit am Oberschenkel entlang rollte und dann frei hängend kreiseln ließ. Geht man davon aus, dass es auch damals schon mehr Rechts- als Linkshänder gab, entsteht beim Abrollen der Spindel vom Körper weg automatisch eine S-Drehung (siehe Abb. 19).

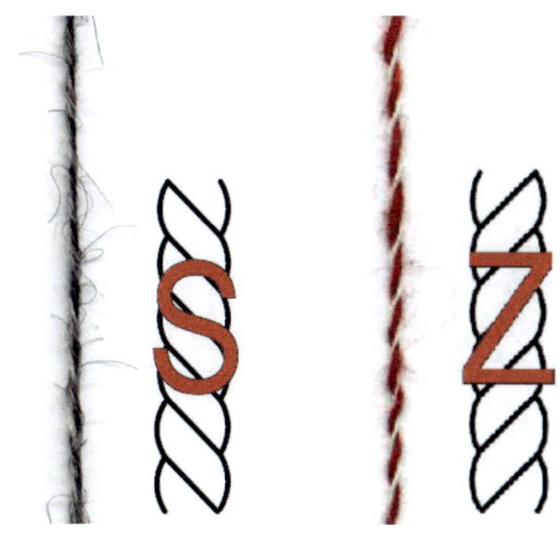

Abb. 8: Ein einfaches S-gesponnenes Garn aus graumelierter Wolle (links) und ein Z-gezwirntes Garn aus zwei S-gesponnenen Ausgangsgarnen in rot und weiß (rechts). Man dreht beim Zwirnen die Spindel entgegen der Spinnrichtung der Ausgangsgarne, weil der überschüssige Drall sich dabei ausgleicht und ein gleichmäßiger Zwirn entsteht.

Abb. 9: Spinnerin am Flügelspinnrad und Spinner mit Handspindel. Der Wirtel ist bei dieser Spindel ein aus Stöckchen bestehendes Holzkreuz. Die Wolle wird hier direkt als Knäuel aufgewickelt und nachher müssen nur die Stöckchen heraus gezogen werden.

Detail eines alten Postkartenmotivs aus Frankreich, Fotograf unbekannt.

Fasern, Fasern, Fasern ....

Was wird versponnen?

Es gibt viele Materialien, die sich verspinnen lassen. Sie alle besitzen einige spezielle Eigenschaften: eine längliche, dünne Form und eine gewisse Beweglichkeit oder Elastizität. Solche Materialien bezeichnet man üblicherweise als Fasern.
Fasern kommen in der Natur in verschiedenen Formen vor. Die bekanntesten sind tierische Fasern wie Haare oder Wolle und pflanzliche Fasern wie Baumwolle oder Baste. Aber es gibt auch ungewöhnliche spinnbare Fasern wie beispielsweise das mineralische Asbest, das schon bei den Römern bekannt war. Sie stellten daraus feuerfeste Gewebe her.
Die Eigenschaften von Textilien beruhen also nicht allein auf ihrer Herstellungstechnik, sondern auch das Ausgangsmaterial spielt eine Rolle. Daher kann eine geschickte Kombination von Faserauswahl und Faserverarbeitung ganz entscheidend Aussehen und Qualität des Endproduktes beeinflussen.

Von der Faser zum Faden

Theoretisch lassen sich viele Fasern direkt nach ihrer „Ernte" verspinnen. Haare oder Wolle von Tieren kann man direkt nach der Schur mit den Händen etwas auseinander ziehen, Verunreinigungen herauszupfen und sie dann verspinnen. Allerdings werden die Fasern so natürlich nur grob gereinigt und durch Knoten, verfilzte Stellen und kurze Fasern wird das gesponnene Garn ungleichmäßig. Baumwolle kann direkt aus der Samenkapsel heraus gesponnen werden, jedoch muss man zwischendurch die Samen herauslesen und es ist bei nicht aufgelockerter Baumwolle schwerer, gleichmäßig zu arbeiten. Bei Bastfasern, die unter der Rinde von Bäumen gebildet werden, ist es manchmal möglich, sie im frischen Zustand abzuziehen und dann zu verspinnen. Bastfasern jedoch, die Teile von Stängeln (z.B. Flachs oder Brennnessel) oder Blättern (z.B. Sisal) sind, können nicht in einem einzigen Arbeitsschritt gewonnen werden.
Letztendlich ist es bei allen Fasern sinnvoll, diese so sorgfältig wie möglich aufzubereiten, um gleichmäßige und feine Garne spinnen zu können.
Über die verschiedenen Faserarten und deren Eigenschaften gibt es genügend Fachliteratur, daher sollen hier nur stellvertretend die drei auch heute noch wichtigsten natürlichen Fasern kurz vorgestellt werden: Wolle, Flachs und Baumwolle.

Schafwolle

Schafe werden meist gegen Ende des Frühjahrs geschoren, manchmal noch ein zweites Mal im Herbst. Die geschorene Wolle wird nach Qualitäten sortiert, wobei sich nicht nur die verschiedenen Schafrassen, sondern auch jedes einzelne Schaf vom anderen unterscheidet. Am Schaf selbst findet sich die beste Wolle auf dem Rücken und auf den Schultern, dagegen ist die Wolle von Beinen, Hinterteil und unter

dem Bauch oft gar nicht zu gebrauchen.
Früher mussten die Schafe häufig vor dem Scheren ein Bad in Bächen oder eine Dusche in speziellen „Schafwaschanlagen“ über sich ergehen lassen (Man 1868, 527 ff.). Heute wäscht man die Wolle meist nur nach der Schur, wobei in industriellen Anlagen das ausgewaschene Wollfett aufgefangen und weiterverarbeitet wird. Es findet sich als wertvolles Hautpflegemittel unter dem Namen Lanolin in vielen Cremes und Salben.
Um die gereinigte Wolle von Knötchen, letzten Schmutzresten und kurzen Fasern zu befreien, sie aufzulockern und die Fasern ein wenig zu parallelisieren, kann man sie kardieren (auch „kratzen“ oder „kardätschen“). Hierzu gibt es bürstenförmige Handkarden, Stockkarden, bei der eine der beiden Karden fest auf einem Gestell montiert ist, und seit der industriellen Revolution auch maschinelle Walzenkarden (Bohnsack 2002, S. 171 ff.). Diese produzieren Vliese und Kardenbänder aus denen man eher dickere und lockere Garne spinnt.
Alternativ zu den Karden wurde und wird auch der Fachbogen benutzt, in Europa vor allem für Wolle, in Indien und Afrika auch für Baumwolle. Die Saite des Bogens wird angeschlagen und in die Fasern gehalten. Durch die Schwingung werden diese aufgelockert (Bohnsack 2002, S. 172).
In einem weiteren Schritt kann die Wolle gekämmt werden, um die Fasern zu parallelisieren. Maschinell gekämmte Wolle wird im soganannten Kammzug verkauft und ist besonders geeignet um feine und dichte Garne zu spinnen.
Färben kann man die Wolle vor dem Spinnen, als fertiges Garn oder auch erst nach der Weiterverarbeitung zu einem Stoff.

Vom Flachs zum Leinen

Um zuerst mal die Begriffe zu klären: die eigentliche Pflanze (Linum) wird Flachs oder Lein genannt. Die ölreichen Samen heißen Leinsamen. Die aus dem Stängel gewonnenen Fasern heißen Flachsfasern, und erst das

Abb. 10: Monatsbild des Brachmonats (Juni) mit Darstellung der Schafschur.
Holzschnitt des Crescentijis 1583, Foto Deutsches Museum.

versponnene oder verwebte Produkt wird als Leinen bezeichnet.
Flachs wird schon seit der Jungsteinzeit angebaut und sowohl seine Samen als auch die Fasern wurden genutzt, wie archäologische Funde belegen. Vor allem aus den stein- und bronzezeitlichen Seeufersiedlungen nördlich der Alpen sind Textilreste aus pflanzlichen Fasern erhalten. Belegt sind sowohl Flachs als auch Baumbaste. Tierische Fasern wie Wolle erhalten sich im alkalischen Seeuferboden nicht, so dass sie zwar möglicherweise genutzt wurden, aber nicht mehr nachzuweisen sind. Hinweise zur Zusammensetzung und Größe der Schafherden weisen jedoch darauf hin, dass erst gegen Ende der Jungsteinzeit Wolle verstärkt genutzt wurde und vorher tatsächlich in erster Linie pflanzliche Fasern verarbeitet worden sind (Barber 1991, S. 11 ff. und Rast-Eicher 2005, 117 ff.).
Die traditionellen, also nicht maschinellen Ernte- und Verarbeitungsmethoden sollen hier kurz erläutert werden. Einzelne Schritte der Aufbereitung unterscheiden sich regional, es gibt aber zu diesem Thema ausreichend Literatur, häufig auch von lokalen historischen Vereinen oder Heimatmuseen herausgegeben.
Noch im 19. Jahrhundert war es in ländlichen Regionen üblich, dass jede Familie den Flachs für den Eigenbedarf selbst anbaute und verarbeitete. Die letzten Arbeitsschritte wurden aber oft als Auftragsarbeit von Webern oder Färbern durchgeführt. Erst in der zweiten Hälfte des 19. Jahrhunderts verdrängte die Baumwolle mehr und mehr das heimische Leinen (Gillmeister-Geisenhof 1993, S. 7 ff.).
Flachs entzieht dem Boden viele Nährstoffe und soll daher traditionell nur alle sieben Jahre auf dem gleichen Feld angebaut werden. Langstängelige Sorten, die zur Fasergewinnung bestimmt sind, werden möglichst dicht ausgesät, damit die Pflanzen wenig Verzweigungen ausbilden.
Geerntet wird etwa drei Monate nach der Aussaat zwischen Juli und August, wenn die Blätter abfallen und die Stängel sich gelb färben. Die Pflanzen werden nicht gemäht, sondern mit der Wurzel ausgerauft, um möglichst lange Fasern zu erhalten. Die Stängel bindet man zu Garben und stellt sie auf dem Feld zum Trocknen auf. Danach werden die Samenkapseln von den Stängeln getrennt, indem man die Pflanzen durch die Zinken eines Riffelkammes (auch „Reff“) zieht.
Nun folgt das Rösten oder Rotten. Hierbei nutzt man einen Fäulnisprozess, um den Pflanzenleim (Pektin) aufzulösen, der die Bastfasern mit den holzigen Stängelbestandteilen verbindet. Bei der bis zu sechs Wochen dauernden „Tauröste“ wird der Flachs auf feuchten Wiesen oder abgeernteten Feldern ausgebreitet. Bei der schnelleren, aber auch aggressiveren „Wasserröste“, wird er in Wasser gelegt und untergetaucht. Ist der Pflanzenleim abgebaut, werden die Stängel wieder getrocknet und durch Dörren in heißem Rauch mürbe gemacht. Wegen der Brandgefahr standen die Darr- oder Brechhäuser oft am Rande oder außerhalb der Dörfer. Hier traf sich das ganze Dorf im Spätherbst, wenn die Hauptarbeit auf den Feldern und dem Hof getan war, zum gemeinsamen Arbeiten. Der gedörrte

Flachs wird zuerst von Hand oder auf sogenannten Bokemühlen weichgeschlagen, oder direkt auf einer Breche weiterverarbeitet. Die Flachsbreche oder Racke hat einen Hebelarm, mit dem die Fasern wieder und wieder eingeklemmt und dabei geknickt und gebrochen werden. So zersplittern die holzigen Stängelbestandteile (Schäben) und werden im nächsten Schritt mit einem Schwingschwert von den über einen Schwingbock gelegten Fasern abgetrennt. Auch das sogenannte Ribben, ein Reiben der Fasern mit einem stumpfen Reibeisen (Ribbmesser) auf einem rauen Lederlappen, oder das Risten, ein Reiben über die scharfe Kante eines Ristbockes dient dem Entfernen der Schäben.

Um die letzten Verunreinigungen und kurze Fasern zu entfernen und um die Faserbündel aufzuspalten und zu parallelisieren, werden sie durch eine Hechel gezogen. Dabei handelt es sich um eine Art Metallbürste, die es in unterschiedlichen Feinheitsgraden gibt, und die auf einem Hechelbrett oder einer Bank befestigt wird. Die ausgekämmten Reste nennt man Werg. Er wird zu gröberem

Abb. 11: Rösten, Dörren, Klopfen, Brechen und Hecheln des Flachses im 17. Jahrhundert. Die Frau in der Mitte wickelt den fertig gehechelten Flachs zu Zöpfen, die dann an langen Winterabenden in den Spinnstuben versponnen werden sollen.

Kupferstich nach Florinus 1702, Foto Deutsches Museum.

Garn für Hosen, Kittel, Säcke und Schnüre versponnen. Der fertig gehechelte Flachs wird zu Zöpfen zusammengedreht und dann zu feinem Leinengarn versponnen. Oft mussten die Mägde Werg verspinnen, während die Hausherrin den feinen Flachs verarbeitete. Seit der Mitte des 19. Jahrhunderts wurden vermehrt Maschinen für diese Arbeitsgänge entwickelt und eingesetzt (Körber-Grohne 1994, S. 367 ff. und Tillmann 1981, S. 14 ff.).

Flachsfasern lassen sich am besten feucht verspinnen, und Spucke eignet sich hierfür besser als Wasser. Enzyme aus der Spucke lösen die Zellulosefasern an und setzen eine Art Kleber frei, der dem Garn zusätzliche Stabilität gibt. Ungarische Frauen lutschten angeblich früher beim Spinnen auf Pflaumenkernen, um den Speichelfluss anzuregen (Barber 1991, S. 71).

Baumwolle – die „Schafpflanze“

Baumwolle ist heute weltweit die am häufigsten verarbeitete Naturfaser. Ihre Aufbereitung ist im Gegensatz zur Wolle und vor allem zum Flachs sehr einfach und kostengünstig.

Schon im Römischen Reich war Baumwolle bekannt, wurde allerdings nur als Luxusartikel importiert. Erst in der Neuzeit begann man rohe Baumwolle in größeren Mengen auch in Europa zu verarbeiten.

Die Baumwollpflanze (Gossypium) gedeiht nur in tropischen oder subtropischen Klimazonen. Sie bildet dicke Samenkapseln aus, in denen die Samen heranreifen. Die Fasern sollen den Samen als Flughilfe dienen, etwa wie bei unserem Löwenzahn („Pusteblume“). Die beste Erntemethode ist auch heute noch die von Hand, da nicht alle Kapseln gleichzeitig reif sind, und un- oder überreife Baumwolle schlechtere Qualität hat. Mit unterschiedlichen Methoden werden die Samen von den Fasern getrennt, z.B. durch Rösten und Schlagen mit Stöcken, mit Hilfe von kleinen handbetriebenen Walzen oder mit modernen Maschinen.

Wie die Schafwolle wird auch Baumwolle aufgelockert, kardiert und gekämmt. Da die Fasern sehr kurz sind, spinnt man Baumwolle am besten mit sehr leichten Spindeln oder mit Spindelrädern, die keinen Zug auf den Faden entwickeln, wie es Flügelspinnräder tun.

Abb. 12: Mittelalterliche Überlegungen zur Herkunft der Baumwolle nach Sir Mandeville: Gibt es Pflanzenschafe?

Nach Oppel 1902.

Abb. 13: Eine Nepalesin kardiert Wolle mit Handkarden.
Foto Jens Nykjaer Paulsen, Brüssel.

Spinner oder Spinnerin?

Wer spinnt?

Das Spinnen und die meisten anderen textilen Techniken werden von vielen Menschen als „Frauenarbeit“ angesehen. Warum ist das so? Und ist es nur ein Klischee, oder steckt ein wahrer Kern darin?
Mit Hilfe der Geschichtsforschung und Untersuchungen aus der Völkerkunde kann man versuchen, Antworten auf diese Fragen zu finden.
Die schlichte Behauptung „Textilarbeit ist traditionell Frauenarbeit“ ist sicher falsch. Es gibt viele Gegenbeispiele, vor allem wenn es nicht um Heimarbeit sondern um textile Berufe geht. Aber tatsächlich besteht weltweit eine Grundtendenz, dass Frauen sich häufiger mit der Herstellung von Textilien beschäftigen als Männer - und das schon seit Jahrtausenden (Barber, 1994). Die Gründe hierfür zu finden erfordert also einen Blick in die Vergangenheit zu werfen.

Überall auf der Welt gibt es Arbeitsteilung. Der Mensch ist ein soziales Wesen, wir leben zusammen und arbeiten zusammen. Und es ist nur vernünftig die Arbeit in einer Gemeinschaft so aufzuteilen, dass sie möglichst effizient getan werden kann. Aber da der Mensch auch ein kulturell geprägtes Wesen ist, siegen oft religiöse, traditionelle oder andere gesellschaftliche Regeln über die Vernunft. Daher ist es nicht immer einfach herauszufinden, woher bestimmte Verhaltensweisen kommen.

Abb. 14: Strickende Männer am Titicacasee in Peru. In dieser Region ist es Brauch, dass die Frauen spinnen und die Männer aus den Garnen die traditionellen Mützen stricken.
Foto Alessandro Rossi, Sacramento.

Wie war es früher?

Um dem Problem näher zu kommen, gehen wir weit zurück in die Geschichte der Menschheit, in eine Zeit, aus der wir keine schriftlichen Überlieferungen haben und nur wenig archäologisches Fundmaterial. Daher können wir vieles nur vermuten, und vielleicht Beobachtungen von Völkern als Vergleich hinzu ziehen, die heute noch als „Jäger und Sammler“, oder zumindest „naturnah“ leben.
In der älteren Steinzeit brauchten die Menschen in unseren Breiten zum Überleben in erster Linie Nahrung, Wärme und soziale Kontakte – daran hat sich im Grunde nichts geändert. Damals jedoch lebten sie nicht dauerhaft an einem Ort, sondern zogen in kleinen Gruppen umher und lagerten dort, wo Jagdwild und pflanzliche Nahrung in erreichbarer Nähe waren. Und es gab

ganz natürliche Gründe, warum manche Aufgaben häufiger von Männern und andere häufiger von Frauen erledigt wurden. Durch Schwangerschaften sind Frauen zeitweise körperlich weniger belastbar. Zudem wurden Kinder früher länger gestillt als es heute bei uns üblich ist. In dieser Zeit müssen sie in der Nähe ihrer Mütter bleiben. Auf einem Jagdausflug ist je nach Beute langes lautloses Warten, schnelles Rennen oder weites Laufen, in jedem Fall aber hohe Aufmerksamkeit und Konzentration wichtig. Alles Dinge, die mit einem Kleinkind an der Hand oder auf dem Arm unmöglich sind. Also mussten bei Jagdausflügen immer einige hochschwangere oder stillende Frauen mit ihren Kindern sowie den Alten und Kranken im Lager zurück bleiben, oder sie gingen in der Nähe des Lagers auf die Suche nach pflanzlichen Nahrungsmitteln und Kleintieren. Beim Sammeln und bei den Arbeiten, die im Lager durchgeführt wurden, wie die Herstellung und Reparatur von Bekleidung und Werkzeugen oder die Nahrungsverarbeitung, war es jederzeit möglich, eine Pause zu machen und sich um andere zu kümmern. Da also nicht immer alle Frauen mit auf die Jagd gehen konnten, führten sie häufiger solche Arbeiten durch. Männer dagegen mussten keine Babypausen einlegen und konnten regelmäßiger mit auf die Jagd gehen.

Wer jedoch in einer Gemeinschaft welche Aufgaben übernimmt, hängt beim Menschen nicht nur von individuellen Eigenschaften und den Anforderungen der Umwelt ab. Auch unsere Kultur spielt eine wichtige Rolle: Gesellschaftliche Normen, religiöse Regeln, Traditionen und Machtverhältnisse sind nur einige Faktoren, die Einfluss auf die Arbeitsteilung haben können.

In vielen Kulturen bildeten sich in den letzten Jahrtausenden starke Hierarchien aus. Mit zunehmender Sesshaftigkeit und steigenden Bevölkerungszahlen übernahmen oft Männer die Machtpositionen, weil Krieg und Kampf an Bedeutung gewannen. Frauen verloren an Einfluss und das Ansehen ihrer Arbeitsleistung sank, selbst wenn diese für das Überleben der Menschen wichtiger war als die Arbeit der Männer.

Heute leben wir in einer Gesellschaft, die aus einer vor allem von christlichen Werten geprägten Zeit hervorgeht. In ihrer religiösen Überlieferung wird der Frau die sogenannte „Erbsünde“ und daraus hervorgehend letztendlich alles weitere Übel in die Schuhe geschoben. Die Frauen mussten sich in den letzten Jahrhunderten Schritt für Schritt ihre Rechte – also die gleichen, die den Männern schon lange zustehen – zurück erobern. Daher verwundert es nicht, dass Frauen auf manche als traditionell „typisch weiblich“ angesehenen Dinge mit einer Abwehrhaltung reagieren. So galt zum Beispiel gerade das Spinnen als „angemessene“ Arbeit für Frauen. Es wurde seit der Antike immer wieder als Symbol für Fleiß, Reinheit und Keuschheit verwendet. Gemeint war damit jedoch manchmal auch Unterwerfung, Erdulden von Ungerechtigkeit und Gehorsam dem Mann gegenüber.

Als sich im 18. Jahrhundert der sogenannte „Garnhunger“ ausbreitete, weil die

Abb. 15: „Friedrich II. besucht die Fabriken, 1753." nach Menzel 1856. An den Webstühlen sitzen Männer, während im Vordergrund Frauen mit dem Umspulen oder Spinnen von Garnen beschäftigt sind.
Foto Deutsches Museum.

neuen Webstühle mit Schnellschützen die Webgeschwindigkeit verdoppelt hatten, reichte das Heer der Spinnerinnen nicht mehr aus. Es wurden nicht nur in verschiedenen europäischen Ländern Preise für das Erfinden schnellerer Spinngeräte ausgeschrieben, sondern das Spinnen wurde auch als Zwangsarbeit in Gefängnissen und sogenannten Irrenanstalten eingeführt, und sogar Soldaten mussten einen Teil ihrer Zeit mit Spinnen verbringen. Für große Teile der ärmeren Bevölkerungsschichten wurde das Spinnen zum wichtigen Neben- oder gar Hauptverdienst. Als dann jedoch wirklich die ersten Fabriken mit Spinnmaschinen die Industrielle Revolution einläuteten, kam diesen Familien ihre Erwerbsgrundlage abhanden. In den Fabriken arbeiteten vor allem Frauen und Kinder für wenig Lohn und unter menschenunwürdigen Bedingungen. Das Spinnen zu Hause gab es bald nur noch in den ärmeren Familien für den Eigenbedarf und in den höheren Gesellschaftsschichten als angemessener Zeitvertreib für tugendhafte Damen.

Und wie sieht es heute aus?

Es gibt bei uns nur noch wenige Männer, die für das Mittagessen auf Jagd gehen.
Ebenso gibt es nicht mehr allzu viele Frauen, die Textilien von Hand herstellen.
Trotzdem halten wir auch heute noch das Jagen für eine typisch männliche, das Textilhandwerk für eine typisch weibliche Angelegenheit. Jagdtrophäen gelten als Statussymbole, handgestrickte Pullover dagegen als uncool. Wieso?
Diese Rollenverteilung und ihre Bewertung spiegeln historisch gewachsene Denkmuster wieder. Auch wenn diese inzwischen überholt sind, wurzeln sie so tief in unserer Gesellschaft, dass sie selten hinterfragt werden.
Auch wenn textile Handarbeit und Handfertigkeit heute als Kunsthandwerk durchaus wieder geschätzt wird, verbinden viele doch immer noch mit solchen Tätigkeiten – vielleicht auch unterbewusst – Erinnerungen an Zeiten der Unterdrückung und Geringschätzung.

Abb. 16: Moderne afrikanische Spinnstube in Benin. Die Frauen treffen sich zum gemeinsamen Spinnen und tauschen Neuigkeiten aus. Sie verspinnen Baumwolle mit Spindeln, die als Standspindeln in Kalebassenschalen gedreht werden.
Foto Hugo van Tilborg, Benin.

II. Die Geschichte des Spinnens

Der zweite Teil dieses Buches verfolgt die Entwicklung und Bedeutung der Spinntechnik im Verlauf der Menschheitsgeschichte. Doch zuvor einige Anmerkungen zur Datierung und Benennung der Epochen:
Es wird in diesem Buch die in der Archäologie übliche grobe Unterteilung Altsteinzeit – Mittelsteinzeit – Jungsteinzeit – Bronzezeit – Eisenzeit – Römische Kaiserzeit – Völkerwanderungszeit – Mittelalter – Neuzeit verwendet. Auf feinere Unterteilungen wurde zugunsten einer besseren Übersichtlichkeit verzichtet. Spezielle Kulturstufen werden im Text nur erwähnt, wenn sie für das Thema oder einen archäologischen Fund von Bedeutung sind.
Jahreszahlen, die für die Übergänge zwischen den einzelnen Zeitstufen genannt werden, sind nicht als Fixpunkte zu verstehen. Es handelt sich um ungefähre Angaben oder von den Geschichtswissenschaften per Definition festgelegte Daten für den deutschsprachigen Raum. Doch natürlich gibt es auch hier regionale Unterschiede.
So beginnt die Römische Kaiserzeit eigentlich mit der Verleihung des Titels „Augustus" an Octavian 27 v. Chr., aber die Regionen nördlich der Alpen werden erst ab 15. v. Chr. von den Römern erobert. Und sie endet bei uns mit dem Fall des weströmischen Reiches 476 n. Chr., aber die Völkerwanderungszeit beginnt eigentlich schon 375 n. Chr. mit dem Einfall der Hunnen in Europa, so dass es hier eine Überschneidung mit der Römischen Kaiserzeit gibt. Auch das Ende des Mittelalters wird zwar üblicherweise auf das Jahr 1492 mit der Entdeckung Amerikas festgelegt, aber niemand ist damals eines Morgens aufgewacht und hat verkündet: „Hey, heute beginnt die Neuzeit!". Die Zeitangaben in diesem Buch sind also als Orientierung anzusehen, nicht mehr und nicht weniger.

Die Steinzeit

Altsteinzeit (Paläolithikum)

Aus der Altsteinzeit, der ersten und längsten Phase der Menschheitsgeschichte, die vor über 2 Millionen Jahren in Afrika begann, gibt es fast keine archäologischen Funde aus pflanzlichen oder tierischen Materialien. Derartig lange Zeiträume überstehen nur Steingeräte und manchmal auch Knochen. Organische Substanzen dagegen werden im Boden normalerweise schnell von Bakterien zersetzt. Daher weiß man nicht, wann und zu welchem Zweck die Menschen erstmals Textilien hergestellt haben. Vielleicht nutzte man zu Beginn längere Pflanzenfasern, Lederstreifen oder Tiersehnen, um Dinge für einen Transport zusammen zu binden oder sie umzuhängen. Ohne nähen zu müssen, konnte

Abb. 17: Die etwa 11 cm große Kalksteinstatue der „Venus von Willendorf" (Österreich) entstand vor etwa 27.000 Jahren. Ob der steinzeitliche Künstler auf ihrem Kopf eine spezielle Frisur, ein Haarnetz oder eine andere Kopfbedeckung darstellen wollte, wird wohl ein ungelöstes Rätsel bleiben.

Foto Naturhistorisches Museum Wien.

man sich so auch Felle oder Pflanzenteile passend um den Körper drapieren. Ob diese ersten Kleidungsstücke dem Schutz vor Umwelteinflüssen oder als Dekoration dienten, werden wir nie erfahren.

Irgendwann hat vermutlich jemand mehrere solcher „natürlichen" Fäden oder Faserbündel zum Verlängern zusammengeknotet oder sie zusammengedreht, um die Stabilität zu erhöhen. Die nächste Entdeckung war möglicherweise, dass man ohne Verknüpfen, nur durch das Verdrehen der Fasern auch einen langen Faden herstellen kann. Man braucht hierzu keine Werkzeuge. Solche Fäden stellt man her, indem mehrere sich überlappende Fasern zwischen den Händen oder zwischen Handfläche und Oberschenkel gerollt und dabei verdrillt werden. Zur Stabilisierung kann man zwei oder mehrere solcher Fäden miteinander verzwirnen (siehe Abb. 5). Dieses Verdrillen von Fasern zu einem Faden wird in ethnologischen Berichten beschrieben, und möglicherweise entstanden so auch die Fäden, die uns durch die ältesten archäologischen, textiltechnisch interessanten Fundstücke bekannt sind. Sie stammen von zwei berühmten tschechischen Fundstellen (Pavlov und Dolní Vestoniče) aus der altsteinzeitlichen Phase des Gravettien mit einem Alter von mindestens 27.000 Jahren. Dort haben sich in Tonbruchstücken die Abdrücke verschiedener feiner Textilien und gröberer Korbwaren erhalten. Die Übergänge zwischen den Textilien und den Korbwaren sind fließend. Oft werden die gleichen Techniken angewendet, eine Unterscheidung ist im Grunde nur anhand der Feinheit oder des Rohmaterials möglich. Die Abdrücke lassen erkennen, dass es sich beim Rohmaterial der verwendeten Fäden um pflanzliche Fasern gehandelt haben muss. Es sind diverse Flecht-, Knot-, Zwirntechniken und sogar ein Vorläufer der Webtechnik nachgewiesen.

Zu dieser Zeit tauchen auch im übrigen Europa erstmals Funde von Nadeln mit Öhr auf. Seit dem Bekanntwerden der Textilabdrücke werden einige bisher als Schmuck gedeutete Funde nun mit der Textilherstellung in Verbindung gebracht. Runde, mittig gelochte Scheiben aus Mammutknochen von der Fundstelle Mežirič werden sogar als mögliche Spinnwirtel gedeutet. Weitere indirekte Hinweise auf die Verarbeitung von Fasern liefern auch die berühmten Frauenstatuetten aus dem Gravettien (z.B. die „Venus von Willendorf", Abb. 17), die häufig nackt sind, zum Teil aber Kopfbedeckungen und Zierbänder tragen, in einem Fall sogar einen möglichen Fransenrock (Soffer, Adovasio und Hyland 2000, S. 512 ff.).
Das älteste original erhaltene Textilfragment ist ein Stück Faden aus Lascaux, einer französischen Höhle mit prähistorischen Wandmalereien. Es handelt sich um ein etwa 30 cm langes und 6-8 mm dickes Schnurstück aus pflanzlichen Fasern, bestehend aus drei in S-Richtung miteinander verzwirnten Z-gedrehten Strängen, mit einem Alter von fast 17.000 Jahren (Barber 1991, S. 40).

Mittlere Steinzeit (Mesolithikum)

Auch aus der Mittleren Steinzeit, die bei uns am Ende des Eiszeitalters vor ca. 12.000 Jahren beginnt, gibt es nur wenig organisches Fundmaterial. Gelegentlich werden einzelne Schnüre oder Fragmente von Fischernetzen gefunden, z.B. in Norddeutschland (Friesack) oder Dänemark (Tybrind Vig). Auch Körbe und Matten in verschiedenen Techniken sind bekannt (z.B. Zwirnbindung), aber es gibt keine gewebten Fundstücke. Als Rohmaterial dienten verschiedene Baumbaste, Gras, Zweige und Wurzeln (Rast-Eicher 2005, S. 117 ff.).

Jungsteinzeit (Neolithikum)

Am Übergang zur Jungsteinzeit änderte sich das Leben der Menschen so tiefgreifend, dass die Archäologen in Analogie zur „Industriellen Revolution" von der „Neolithischen Revolution" sprechen. Aus nomadisch oder halbnomadisch lebenden Gruppen, die sich durch Jagen und Sammeln ernährten, wurden sesshafte Bauern und Viehhalter, die begannen, die Natur nach ihren Bedürfnissen umzuformen. Diese neue Lebensweise entwickelte sich erstmals vor etwa 11.000 Jahren im Nahen Osten und breitete sich von dort aus, bis sie vor etwa 7500 Jahren auch Mitteleuropa erreichte. Nicht nur Ackerbau und Viehhaltung, sondern auch der Bau fester Häuser und das Töpferhandwerk waren Innovationen dieser Zeit. Und es gibt die ersten handfesten Belege für die Technik des Spinnens.
Die ältesten bekannten Textilfunde aus dem Neolithikum sind bis zu 10.000 Jahre alt und wurden in Palästina gefunden. Der bekannteste Fundort ist eine Höhle (Nahal Hemar), in der sich eine große Anzahl von Textilresten erhalten hatte, die aus unterschiedlich dicken Garnen und Zwirnen hergestellt waren (Völling 2008, S. 83 ff.; Bar-Yosef 1985).

Aus dieser Zeit gibt es auch die ersten Funde von Spinnwirteln (einige Fundorte bei Barber 1991, S. 51, Anm. 8), aber keine kompletten Spindeln. Daher ist es problematisch, generell alle etwas größeren Ton- oder Steinperlen einfach als Spinnwirtel zu bezeichnen. Es besteht durchaus die Möglichkeit, dass solche Fundstücke auch anderen Zwecken gedient haben können, zum Beispiel als Schmuckstücke oder Gewichte. Das gleiche gilt natürlich auch für Funde aus sehr viel jüngeren Perioden. Und doch ist die Wahrscheinlichkeit recht hoch, dass es sich bei diesen frühen Spinnwirteln tatsächlich auch um solche handelt. Denn etwa zeitgleich gibt es nicht nur die ältesten Funde von Textilien aus sehr feinen Garnen, sondern auch die frühesten Nachweise für Flachsanbau.

Zur Frage „Spinnwirtel oder nicht?" gibt es eine interessante Untersuchung von Robert Liu (1978), die zu dem Ergebnis kommt, dass aus praktischen Gründen „Perlen", deren Durchlochung groß genug für einen Stab und zentral gelegen ist, und die einen Durchmesser von mehr als 2 cm haben, in den meisten Fällen Spinnwirtel waren. Elisabeth Völling (2008, S. 119) hält die Deutung als Spinnwirtel vor allem bei bikonischen und verzierten Stücken für schwierig. Zudem glaubt sie, allgemein einen Durchmesser von 3 cm und ein Gewicht von 15 - 30 g als Mittelwerte für Spinnwirtel festlegen zu können. Völling bezieht sich hier jedoch vermutlich nur auf die von ihr untersuchten Stücke aus dem „alten Orient". Ob diese Werte auch in anderen Teilen der Welt oder in der europäischen Ur- und Frühgeschichte gelten, wäre ein durchaus interessantes Forschungsprojekt. Sicherlich würden in Regionen, in denen hauptsächlich Baumwolle oder Seide verarbeitet wird, die Maße eher geringer ausfallen.

Bei einem jungsteinzeitlichen Fundplatz in der Wetterau, an dem sehr viele Spinnwirtel gefunden und ausnahmsweise auch einmal ausführlich untersucht wurden, lagen die Durchmesser bei 2,5 - 5,5 cm und die Gewichte zwischen 21 und 119 g (Schade-Lindig und Schmitt, 2003, S.6).

Unter Wasser haben sich in jungsteinzeitlichen Fundschichten aus süddeutschen und schweizerischen Seen auch organische Materialien erhalten können. So kennen wir von dort nicht nur Reste von Textilien aus Flachs und Baumbasten, sondern beispielsweise aus Sipplingen auch eine komplett erhaltene Holzspindel mit tönernem Wirtel sowie aufgewickeltes Garn.

Die Technik des Spinnens wurde aber nicht nur an einem Ort der Welt von einer Person erfunden, sondern mehrfach zu verschiedenen Zeiten und in verschiedenen Teilen der Welt – ganz einfach weil es überall Bedarf für diese Erfindung gab. So ist es vor allem für die Neue Welt gut gesichert, dass das Spinnen dort eigenständig erfunden wurde (Ryder 1968, S. 74).

Abb. 18: Spinnwirtel und Webgewichte aus der jungsteinzeitlichen Siedlung von Nieder-Mörlen (Wetteraukreis). Die Schnüre, Spindelstäbe und die gesponnenen Fasern sind modern und wurden nur zur Veranschaulichung hinzugefügt.

Foto Sabine Schade-Lindig, Landesamt für Denkmalpflege Hessen, Wiesbaden.

Abb. 19: Umzeichnung von Malereien aus dem Grab des Tehuti Hetep, 12. Dynastie um 1900 v. Chr., Ägypten. Sitzende Frauen erstellen ein Vorgarn, das von den stehenden Frauen mit Kopfspindeln versponnen wird. Die Gefäße dienen wahrscheinlich zum Anfeuchten des Vorgarns.
Umzeichnung nach Newberry 1893.

Die Metallzeiten: Bronzezeit und Eisenzeit

Die Bronzezeit

Als der Mensch lernte, Metalle zu gewinnen und zu verarbeiten, kamen Steinwerkzeuge langsam aus der Mode. Die Steinzeit endete, und mit der Bronzezeit begann um etwa 2.200 v. Chr. in Mitteleuropa eine Periode voller gesellschaftlicher und sozialer Veränderungen. Gebräuche und Bestattungsriten wandelten sich immer wieder, und auch die archäologischen Funde zeigen einen beständigen Wechsel von Mode und Geschmack.
Was sich nicht veränderte, war die Technik des Spinnens mit der Handspindel. Allerdings wurde nun auch der neue Werkstoff Metall gelegentlich zur Herstellung von Spindeln genutzt, wie vor allem Funde aus dem Nahen Osten zeigen.
Während die seltenen Textilfunde aus der Jungsteinzeit fast alle aus pflanzlichen Fasern bestehen, gewann in der Bronzezeit die Wolle als Rohmaterial an Bedeutung.
Und noch etwas ist neu: Erstmals gibt es bildliche Überlieferungen vom Spinnen. Die älteste Darstellung stammt aus dem Nahen Osten und wird in das vierte Jahrtausend vor Christus datiert (hier begann die Bronzezeit früher als bei uns). Später liefern vor allem die Grabmalereien des ägyptischen Pharaonenreiches Informationen über das Spinnen und andere textile Techniken (Barber 1991, S. 57 ff.).

Abb. 20: Motiv auf einem griechischen Keramikgefäß, ca. 550 v. Chr. (Metropolitan Museum, New York); links eine Spinnerin mit Rocken und Spindel, rechts eine Frau beim Herstellen von Vorgarn.
Umzeichnung nach Linder 1967.

Abb. 21: Eisenzeitliche Spinnwirtel (Stadtmuseum Ingolstadt).

Die Eisenzeit

Mit der Fähigkeit, das extrem harte Eisen zu verhütten und zu verarbeiten, begann eine neue Epoche. Aus dieser Zeit ab etwa 800 v. Chr. finden sich nun auch in Europa erste bildliche Darstellungen des Spinnens mit der Handspindel. Die Verwendung von Fußspindeln und erstmals auch die von Spinnrocken ist vor allem durch griechische Vasenmalereien bekannt.

Der Rocken, auch Wocken oder Kunkel genannt, ist ein zusätzliches Hilfsmittel beim Spinnen. Er dient der Aufnahme des Faservorrats, um beide Hände zum Spinnen frei zu haben. Die Begriffe Rocken, Wocken oder Kunkel waren im deutschsprachigen Raum regional unterschiedlich verbreitet, wurden aber wechselnd mal zur Bezeichnung des eigentlichen Rockenstabes wie auch des aufgebundenen Spinnmaterials oder von beidem zusammen benutzt. Vallinheimo (1956) bezeichnet beispielsweise das Gerät als Rocken, das aufgebundene Fasermaterial dagegen als Wocken.

Da auch ein einfacher Stock als Rocken dienen kann, ist seine Verwendung archäologisch nur selten sicher nachweisbar. Stabförmige Grabbeigaben, deren Zweck nicht klar ist, werden jedoch manchmal als Rocken gedeutet. Die ältesten sicheren Belege für den Gebrauch von Rocken sind jedoch bildliche Darstellungen, wie z.B. auf einer archaischen Stele auf Kreta (Barber 1991, S. 70). Auf einigen Darstellungen aus Griechenland ist deutlich zu erkennen, dass hier auf dem Rocken kein loses Fasermaterial, sondern ein Vorgarn befestigt war.

In Ungarn, im Bereich der mitteleuropäischen Hallstattkultur, wurde ein Tongefäß gefunden, auf dem eine Weberin und eine Spinnerin dargestellt sind. Eine dritte Frau hält einen Rahmen mit gespannten Schnüren, der möglicherweise auch ein Textilgerät darstellt, z.B. einen einfachen Web- oder Sprang-Rahmen, der in der archäologischen Literatur jedoch meist als Musikinstrument gedeutet wird. Zwei weitere mit erhobenen Händen dargestellte Frauen werden als tanzend beschrieben.

Eine andere Darstellung aus der Hallstattzeit zeigt das Spinnen mit Fußspindel und Rocken, die Herstellung von Vorgarn, das Füllen der Rocken sowie Motive aus dem Bereich des Webens. Sie stammen von einem kleinen bronzenen Anhänger, einem sogenannten Tintinnabulum aus Bologna, Italien (Eibner 2000/2001, S.111).

Abb. 22: Urne aus Sopron (Ungarn, ca. 7. Jahrhundert v. Chr.). Im Zentrum ist eine Weberin dargestellt. Links von ihr steht eine spinnende Frau mit der hängenden Spindel an einer hoch erhobenen Hand (Detailbild).

Foto Naturhistorisches Museum Wien.

Die römische Kaiserzeit

Die spinnen, die Römer!

In den ersten vier Jahrhunderten nach Christus gehörten weite Teile Deutschlands zum Römischen Imperium. Auch in dieser Zeit veränderte sich nichts an der Technik des Spinnens mit der Handspindel. Somit hat Obelix absolut recht: Die Römer spinnen tatsächlich – wie auch alle anderen Völker Europas zu dieser Zeit.
Neu sind jedoch die ersten schriftlichen Überlieferungen zum Thema Textilherstellung in Europa. So erzählen beispielsweise Texte zeitgenössischer Schriftsteller wie Columella, Vitruv, Cato oder Plinius des Älteren vom Spinnen. Zudem gibt es Inschriften und Darstellungen auf Gräbern, Gebäuden und Weihesteinen, die unser Bild ergänzen.

Abb. 23: Wandmalerei in Pompeji mit Darstellung einer *quasillaria*, einer Spinnerin. In der 79 v. Chr. bei einem Vulkanausbruch untergegangenen Stadt gab es viele Textilwerkstätten.
Foto Andreas Schaflitzl, Ingolstadt.

Spinnen als Beruf?

Aus den literarische Quellen und diversen Grabinschriften weiß man, dass sich um das städtische Rom herum schon in den Jahrhunderten vor unserer Zeitrechnung echte Berufe im textilen Bereich ausbildeten. Es wurde also nicht mehr nur für den Eigenbedarf produziert, sondern spezialisierte Handwerker stellten gezielt Produkte für den Verkauf her. Diese hauptberuflichen Handwerker betrieben nebenher keine Landwirtschaft mehr, um sich selbst zu versorgen, sondern waren jetzt völlig vom Verkauf ihrer Handwerksprodukte abhängig. Sie stellen somit eine neue Gesellschaftsschicht in Europa dar, die sich spätestens seit der Bronzezeit langsam herauszubilden begonnen hatte.
Anhand überlieferter Berufsbezeichnungen ist innerhalb des textilen Handwerks die größte Spezialisierung nachweisbar, größer beispielsweise als bei der Holz- oder Metallverarbeitung. So gab es Weber, Wirker, Filzer, Walker, Wäscher, verschiedene Färber, Schneider und noch einige andere. Für die

Spinnerin ist als Berufsname *quasillaria* überliefert. Eine männliche Form dieses lateinischen Wortes ist bisher aus der zeitgenössischen Literatur nicht bekannt (Petrikovits 1981, S. 63 ff.).
Aus Pompeij, wo von den vielen nachgewiesenen Werkstätten die meisten im textilen Bereich tätig waren, haben sich Wandinschriften erhalten, in denen die Namen einiger Spinnerinnen überliefert sind. Aus dem Haus der Minuci-Familie sind es Gelaste und Savilla, aus dem Haus des Marcus Terentius sind neben den Namen von sieben männlichen Webern auch die von elf Spinnerinnen auf zum Teil nicht ganz jugendfreien Graffiti überliefert: Vitalis, Florentina, Amarylis, Januaria, Heraclea, Maria, Lalage, Damalis, Servola, Baptis und Doris (Moeller 1976, S. 39 ff.).

Um das römische Militär mit Textilien zu versorgen, aber auch um die anspruchsvollen Wünsche der römischen Bürger in den Städten zu erfüllen, mussten Stoffe in großen Mengen und mit besonderen Eigenschaften hergestellt werden. Dies war nur mit einem weitverzweigten Handelsnetz und organisierter Produktion zu erreichen. Bei der Landbevölkerung in den römischen Provinzen wurde jedoch weiterhin vor allem für den Eigenbedarf gesponnen und weiterverarbeitet. Ein Nebenverdienst durch den Verkauf von Textilien war jedoch auch hier möglich. Und wer Geld hatte, konnte sich bei Händlern wertvolle Stoffe aus fernen Ländern oder fertige Bekleidung kaufen.

Was verspinnen die Römer?

Wolle war die wichtigste textile Faser des römischen Reiches. Daneben spielte nur noch Flachs eine größere Rolle, Baumwolle und Seide waren dagegen reine Luxusgüter (Wild 1970, S. 4 ff.). Berühmt für besonders gute Wolle waren zum Beispiel die Po-Ebene, Apulien, Calabrien und die alpinen Regionen Italiens, Sizilien, Spanien, das nördliche Gallien und Teile Griechenlands. Manche Regionen waren spezialisiert auf Wolle in bestimmten Farbtönen, besonders geschätzt wurde rein-weiße Wolle. In

Abb. 24: Spinnende Schicksalsgöttin auf einem römischen Sarkophag, um 300 n. Chr., Fundort Pozzuoli, Italien.
Foto Andreas Schaflitzl, Ingolstadt.

manchen Regionen wurden den Schafen zum Schutz der Wolle sogar sackförmige Mäntel übergezogen.
Zu römischer Zeit hat man Wolle nicht nur geschoren, sondern auch die alte Methode des Auszupfens oder „Pflückens“ der Wolle wurde noch praktiziert (Moeller 1976, S. 9 ff.). Die Schafe hatten damals noch einen natürlichen Fellwechsel im Frühjahr und mussten nicht zwingend geschoren werden, wie unsere heutigen hochgezüchteten Rassen. Das Sammeln der im Frühjahr natürlich ausfallenden Wolle, also des vom Schaf nicht mehr benötigten wärmenden Unterkleides aus dem Winter, hatte den Nachteil, dass es aufwändig war und ein Teil der Wolle verloren ging. Jedoch erhielt man so nur die reine und vor allem feine Unterwolle mit wenig groben Haaren darin. Das Haarkleid unserer heutigen Schafrassen besteht fast ausschließlich aus Wolle. Die gröberen Haare und Grannen, die das ursprüngliche Fell der Schafe bildeten, wurden weitestgehend „weggezüchtet“. Damals erhielt man beim Scheren zwar auch ein komplettes Vlies, je nach Schafsorte allerdings mit mehr oder weniger großen Anteilen von groben Haaren und Grannen darin. Die Schur war also schneller, einfacher und ertragreicher, jedoch war die gewonnene Wolle von gröberer Qualität als die gezupfte. Scheren, die von der Form her heutigen Schafschurscheren gleichen, sind schon aus der Eisenzeit bekannt und seitdem durch alle Zeiten hindurch nachgewiesen.

Abb. 25: Spinnwirtel mit lateinischer Inschrift. Oberseite: IMPLE ME (Fülle mich!), Unterseite: SIC VERSA ME (So drehe mich!). Gefunden in Trier-Süd, Löwenbrücken, hergestellt vermutlich in Autun (Frankreich), ca. 2. Jh. n. Chr.

Fotos Thomas Zühmer, Rheinisches Landesmuseum Trier.

Abb. 26: Miniatur aus dem Stuttgarter Psalter, entstanden zwischen den Jahren 820 und 830. Dargestellt ist die Verkündigung der heiligen Maria mit einem Engel. In ihrem Schoß liegt eine Spindel, von der das Garn zu einem Knäuel in einer auf dem Boden stehenden Schale läuft. Vielleicht wickelt sie Garn von der Spindel ab oder sie verspinnt ein Vorgarn.

Reproduktion WLB Stuttgart, Stuttgarter Psalter Cod. bibl. fol. 23, 83v.

Die Völkerwanderungszeit und das Frühmittelalter

Unruhige Zeiten

Gegen Ende des 4. Jahrhunderts begann mit dem Einbruch der Hunnen in Europa die Völkerwanderungszeit. Es war eine unruhige Zeit mit Kriegen, Plünderungen und Wanderungen ganzer Volksstämme quer durch Europa. Das Ende des Römischen Imperiums war besiegelt und mit ihm gingen in weiten Teilen Europas auch die zivilisatorischen Errungenschaften der römischen Kultur wieder verloren.

Im Frühmittelalter, etwa zwischen 600 und 1.000 n. Chr., bildeten sich in den ehemaligen römischen Provinzen Mitteleuropas germanische Königreiche heraus. Der Einfluss der christlichen Kirche wuchs, und der Adel besaß durch

Grundherrschaft die wirtschaftliche Macht. So entwickelten sich langsam wieder geordnete Strukturen. Vor allem in Klöstern, Rittergütern und Königshöfen entstanden größere Produktionseinheiten. Innerhalb der verschiedenen Handwerke wurde erneut eine stärkere Spezialisierung möglich, vor allem um Adel und Klerus mit Luxusgütern zu versorgen. Ein großer Teil der Textilproduktion wurde aber weiterhin als häusliche Nebenarbeit erbracht.

Besondere Funde

Auch schon in vorchristlicher Zeit waren Spinnwirtel eine typische Grabbeigabe für Frauen. In der Völkerwanderungszeit und dem Frühmittelalter ändert sich hieran nichts. In Gräbern mit schlechter Knochenerhaltung sind Grabbeigaben oft das einzige, was einen Hinweis auf das Geschlecht der Bestatteten geben kann. Spinnwirtel liegen üblicherweise in Frauengräbern, Waffenausstattung ist dagegen für Männerbestattungen typisch. Aber gelegentlich kommt es vor, dass Gräber mit Bewaffnung und Spinnwirtel gefunden werden.

Aus einem leider von Raubgräbern teilweise zerstörten Grab einer Frau aus dem späten 6. Jahrhundert stammt ein besonderes Ensemble von Spinnzubehör. In Grab 74 des Gräberfeldes von Pfakofen (Lkr. Regensburg) fanden sich im Fußbereich der Toten ein 25 cm langer Spindelstab aus Knochen mit eingekerbtem Haken, zwei Spinnwirtel und ein ungewöhnliches Tongefäß mit sechs schräg nach oben weisenden Tüllen (Abb. 27). Im Inneren des Gefäßes lagen verschieden gefärbte Wollfasern und Überreste von Schildläusen, die zum Rotfärben von Stoffen verwendet wurden und eine sehr wertvolle Grabbeigabe darstellen. Die Wollfasern im Inneren wiesen auf den Zweck des Gefäßes hin: Es diente sehr wahrscheinlich zum Verzwirnen von bis zu sechs einzelnen Garnen. Diese wurden durch die Tüllen zusammengeführt und konnten so nicht durcheinander geraten (Bartel und Codreanu-Windauer 1995).

Im Norden Europas war das Frühmittelalter die Zeit der Wikinger. Der bedeutendste Grabfund hier ist die Schiffs-Bestattung aus Oseberg (Norwegen). Das unter einem Grabhügel gefundene etwa 22 m lange Schiff aus dem Jahr 834 n. Chr. enthielt die Grablegen von zwei Frauen. Die reichen Beigaben und die aufwändige Bestattung deuten auf das Grab einer wichtigen Persönlichkeit hin. Funde aus Edelmetallen fehlen zwar (vielleicht durch Grabraub), eine andere Fundgruppe ist dafür umso eindrucksvoller und zudem ungewöhnlich gut erhalten: Es handelt sich um die größte und vielfältigste Sammlung an Textilien und Textilwerkzeugen, die je in einem einzigen Grab gefunden wurden. Durch die gute Holzerhaltung konnten mehrere Flecht- und Webrahmen, quadratische gelochte Brettchen zum Brettchenweben, Spinnwirtel mit und ohne Spindelstäben, Handhaspeln und Schlägel zur Flachsbearbeitung gefunden werden. Diese Funde sind leider bisher nicht in deutscher Sprache publiziert (Brøgger und Schetelig 1928, S. 173-204).

Abb. 27: Tüllengefäß, Spindel und Spinnwirtel aus dem Pfakofener Grab nach der Reinigung und Konservierung. Die Originale befinden sich im Historischen Museum Regensburg.
Foto Bayerisches Landesamt für Denkmalpflege.

Das Hochmittelalter

Es gibt etwas Neues!

Nachdem die Menschen viele Jahrtausende lang ausschließlich mit Handspindeln gesponnen hatten, tauchten im 13. Jahrhundert in Mitteleuropa die ersten Spinnräder auf, sogenannte Spindelräder. Das Spindelrad ist einfach konstruiert. Im Prinzip wird nur der Wirtel einer waagerecht gelagerten Handspindel über einen Riemen mit einem großen Schwungrad verbunden. Eine Drehung des großen Rades hat somit ein Vielfaches an Umdrehungen des Wirtels zur Folge. Durch den ununterbrochenen schnellen Antrieb wird der Spinnprozess im Verhältnis zur Handspindel um fast das doppelte beschleunigt (Bohnsack 2002, S. 69). Je größer das Schwungrad im Verhältnis zum Wirtel der Spindel ist, desto höher die mögliche Spinngeschwindigkeit. Mit der einen Hand dreht man das Schwungrad, die andere hält währenddessen das Spinngut und zieht Fasern heraus. Schräg über das angespitzte Spindelende laufend, wächst der Faden. Es ist jedoch viel Geschick und eine gute Faservorbereitung notwendig, um die Fasern mit nur einer Hand in der richtigen Menge und Geschwindigkeit herauszuziehen. Nicht nur bei der Handspindel, sondern auch beim Spindelrad muss der Spinnprozess unterbrochen werden, um den fertigen Faden aufzuwickeln. Ein genereller Vergleich der Spinngeschwindigkeiten von Handspindel, Spindelrad und dem später entwickelten Flügelspinnrad mit Fußtritt oder sogar den

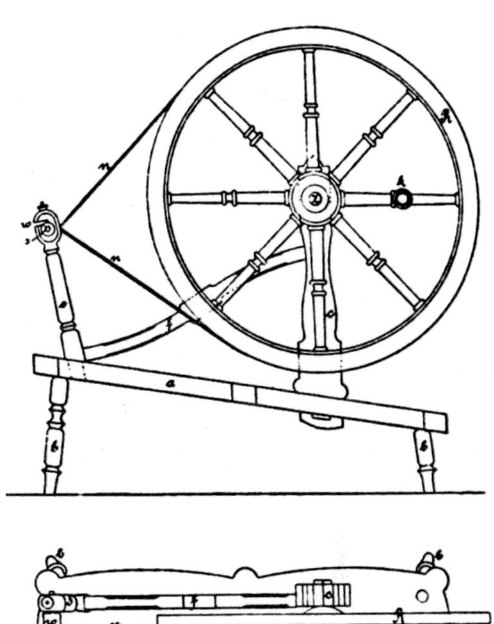

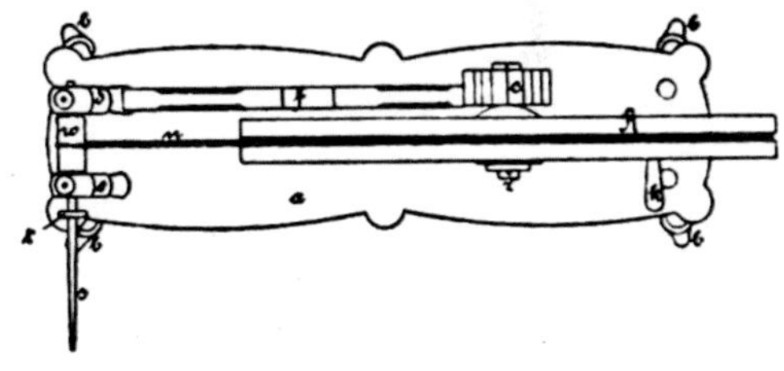

Abb. 28: Schematische Seitenansicht und Aufsicht eines Spindelrades. In der Aufsicht sieht man links die Spindel hervorstehen, welche noch ähnlich wie die ursprüngliche Handspindel geformt ist.
Schema nach Rettich 1895.

Spinnmaschinen der Industriellen Revolution ist nicht ganz einfach. Die Geschwindigkeit hängt nämlich neben der Begabung der spinnenden Person auch vom Fasermaterial sowie von der Garndicke und –drehung ab. Wer sich für Tabellen und Zahlen von solchen Untersuchungen interessiert, sei auf die Vergleiche bei Linder (1967, S. 57 ff.) und Bohnsack (2002, S. 122) hingewiesen.

Abb. 29: Spinnerin am Spindelrad in Istrien. Dieser einfach konstruierte Typ von Spindelrädern ist auch heute noch in vielen Teilen der Welt verbreitet.
Altes Postkartenmotiv, Maler unbekannt.

Wer hat's erfunden?

Wo und wann genau das erste Spinnrad erfunden wurde, ist nicht ganz sicher. Möglicherweise stammt die Erfindung aus China, wo es Hinweise auf Spinnräder oder zumindest auf Spulräder schon vor über 2000 Jahren gibt. Aus dem Jahr 1313 gibt es in einem chinesischen Buch die Abbildung eines Spinnrades mit Fußantrieb und mehreren gleichzeitig arbeitenden Spindeln – im Grunde ähnlich wie die Spinnmaschinen, die bei uns erst zu Beginn der Industriellen Revolution entwickelt wurden (Chao 1977, S. 61). Auch in Indien wurde schon sehr früh auf dem noch heute gebräuchlichen traditionellen Spindelrad, dem sogenannten Charka, gesponnen (Leadbeater 1979, S. 4). Bei all diesen frühen Spinnrädern handelt es sich immer um Spindelräder mit Handantrieb.

Nach Europa wurde diese Technik erst im Mittelalter importiert, vermutlich zusammen mit der beliebter werdenden Baumwolle. Die frühen mitteleuropäischen Spindelräder unterschieden sich jedoch optisch von den asiatischen. Während das Charka nach indischer Sitte am Boden sitzend betrieben wurde, hatten die frühen europäischen Versionen des Spindelrades hohe Beine und die spinnende Person arbeitete im Stehen, bzw. sogar vor- und zurückgehend.

Im 13. Jahrhundert werden in verschiedenen Schriften erstmals solche Spinnräder erwähnt. Städte wie z.B. Venedig, Bologna, Paris oder Speyer verboten die Nutzung der Räder oder ließen sie nur zum Spinnen von Schussgarn zu. Grund hierfür war wahrscheinlich zum einen die deutlich schlechtere Qualität der am Spindelrad erzeugten Garne gegenüber den mit der Handspindel gesponnenen. Ein anderer Punkt war aber auch der Grundsatz der Zünfte „Was zwei ernähren kann, soll nicht einer machen" (Lange 1930, S.7), der generell die Einführung neuer Erfindungen bremste. Während für einen Weber bisher etwa acht oder neun Spinnerinnen mit Handspindeln arbeiten mussten, reichten nun vier Radspinnerinnen aus.

Eine der frühesten eindeutigen Darstellungen eines Spindelrads in Europa stammt aus dem Luttrell Psalter und entstand um 1340 in England. Eine hochwertige Reproduktion findet sich bei Backhouse (2000, S. 44 u. 45), aber auch im Internet auf der Homepage der British Library. Eine ältere Darstellung auf einem Fenster des 13. Jahrhunderts in der Kathedrale von Arles (Frankreich), zeigt wahrscheinlich kein Spindelrad sondern ein Spulrad (siehe S. 74). Auch wenn man aufgrund dessen nun eine eigene europäische Entwicklung vom Spulrad hin zum Spinnrad postulieren könnte, ist es doch wahrscheinlich, dass die Kenntnis beider Geräte durch den verstärkten Kontakt zu Asien nach Europa gelangte.

Abb. 30: Auch nach Einführung des Spinnrades in Mitteleuropa verlor die Handspindel nicht ihre Bedeutung. Dieser Holzschnitt Sebastian Münsters aus dem Jahr 1544 zeigt eine Bauernfamilie beim Spinnen mit Handspindeln und Standrocken. Das Kind in der Mitte hält eine Haspel und wickelt die gesponnene Wolle zu Strängen.

Nach Oppel 1902.

Das einfache Spindelrad wurde schon bald weiterentwickelt. Ein großer Nachteil des Spindelrades war die Tatsache, dass man wie bei der Handspindel den Spinnprozess unterbrechen musste, um das gesponnene Garn aufzuwickeln. Die Erfindung des Spinnflügels löste dieses Problem. Statt einer Spindel wurde durch den Riemen nun eine Spule und ein V- oder U-förmiger Flügel angetrieben. Über den meist mit kleinen Haken besetzten Flügel lief das Garn und wurde während des Spinnens auf der Spule aufgewickelt. Aus dem Jahr 1480 stammt die älteste Darstellung eines Rades mit Spinnflügel im Handbuch der Familie Waldburg-Wolfegg (Abb. 31).

Wer hat für wen gesponnen?

Im Hochmittelalter entstanden neue Städte, die Bevölkerungszahl wuchs, und es bildete sich eine stetig wachsende Handwerkerschicht

Abb. 31: Die älteste Darstellung eines Spinnrades mit Flügel aus dem „Mittelalterlichen Hausbuch“ der Familie Waldburg-Wolfegg. Auf anderen Zeichnungen des Hausbuchmeisters sind auch Spindelrad und Handspindel dargestellt, was von der parallelen Nutzung aller Techniken zeugt.
Nach Waldburg-Wolfegg 1957, Abb. 47.

aus. Die Erträge von Ackerbau und Viehzucht waren durch verbesserte Methoden inzwischen so groß, dass nicht nur wie bisher die kirchlichen und weltlichen Herren mitversorgt werden konnten, sondern auch die Handwerker. Auf Märkten wurden Handwerksprodukte aus den Städten gegen Nahrungsmittel vom Lande eingetauscht. Gilden und Zünfte kontrollierten die Produktion und den Handel.

Anfang des 14. Jahrhunderts gab es infolge von Überbevölkerung, Missernten und Naturkatastrophen große Hungersnöte. Um 1350 starb ein Drittel der Bevölkerung Mitteleuropas an der Pest. Die Agrarkrise ließ die Preise für landwirtschaftliche Produkte sinken und eine Landflucht setzte ein. Die Preise für handwerkliche Erzeugnisse stiegen jedoch.

In der Textilproduktion gab es eine starke Spezialisierung. Durch die Entwicklung zum selbstständigen Handwerk war die Textilherstellung nun auch für Männer ein akzeptabler Beruf geworden. Die Spinnerei war jedoch weiterhin Aufgabe der Frauen. Sie produzierten das Garn, welches ihre Männer verarbeiteten. Der wachsende Garnbedarf und die Spezialisierung im Holzhandwerk förderten die Entwicklung des Spinnrades und besserer Webstühle.

Auf dem Land blieb das Spinnen eine häusliche Nebentätigkeit. Die Frauen trafen sich im Winter abends in den Spinnstuben, wo jedoch nicht immer nur gearbeitet wurde. Neben dem Austauschen von Neuigkeiten und Geschichten gab es durchaus auch Männerbesuch, Musik und Tanz. Immer wieder gerieten die Spinnstuben hierdurch vor allem bei Kirchenvertretern in Verruf und man verbot sie sogar in manchen Gegenden (siehe Abb. 1).

Abb. 32: „Die Spünnstuben" der Tuchmanufaktur Oberleutensdorf / Böhmen. Links Männer beim Kardieren von Wolle, in der Mitte Frauen an großen Spindelrädern, rechts hinter einem Tresen wird vom Spinnmeister ausgeteilte Wolle und fertiges Garn abgewogen. Auch Kinder arbeiten hier.
Kupferstich A. Birckhardt 1728, Foto Deutsches Museum.

Neuzeit und Industrielle Revolution

Was ist das Neue in der Neuzeit?

Einige wichtige Ereignisse markieren den Beginn der Neuzeit um 1500: die Eroberung Konstantinopels durch die Osmanen 1453, 1492 die Entdeckung Amerikas und Luthers Reformation 1517. Durch die Erfindung des Buchdrucks konnten sich in dieser Zeit die Ideen des Humanismus ausbreiten und einen geistigen Wandlungsprozess auslösen, der fast alle Lebensbereiche veränderte. Die Kirche verlor an Macht und die Naturwissenschaften gewannen an Bedeutung. Kopernikus ersetzte das geozentrische Weltbild durch ein heliozentrisches. Der Seeweg nach Indien und Ostasien wurde entdeckt, wodurch sich neue Finanz- und Warenströme bildeten und der Kolonialismus einsetzte. Moderne Handels- und Wirtschaftstechniken stärkten die Position des Bürgertums. Doch erst die französische Revolution 1789 beendete die politische Vorherrschaft von Adel und Geistlichkeit endgültig. Hier endet die frühe Neuzeit und die jüngere Phase der Neuzeit beginnt. Sie wird auch „Moderne" genannt und dauert bis heute an.

Auch im Textilsektor setzte ein Wandel ein, der jedoch schon im Mittelalter begonnen hatte. Je nach den landwirtschaftlichen Voraussetzungen entwickelten sich manche Gebiete zu Leinen- andere zu Wollverarbeitungszentren. Regionen, die an wichtigen Fernhandelsrouten lagen, hatten besondere Vorteile. Hier begann auch im 14. Jahrhundert die Baumwollverarbeitung Fuß zu fassen. Zuerst wurden Mischgewebe mit Leinen hergestellt (Barchent), später auch reine Baumwollstoffe. Während die häusliche Textilherstellung auf dem Lande auf Flachs und Wolle aus Eigenproduktion zurückgreifen konnte, wurden die städtischen Weber sehr schnell von den Händlern abhängig, von denen sie sowohl ihr Rohmaterial bezogen, an die sie aber auch ihre Fertigprodukte verkauften. Mit dem zunehmenden Baumwollimport traten aber auch hier Veränderungen ein. Das sogenannte Verlagswesen bildete sich aus. Die Verleger verteilten nun auch in den ländlichen Regionen die Rohstoffe und holten die fertigen Garne oder Gewebe wieder ab. Zwar arbeiteten bis zu 80 % der Bevölkerung in der Landwirtschaft, der Textilsektor stellte aber über Jahrhunderte die zweitwichtigste Erwerbsquelle für die Menschen dar. Die dörfliche Hausindustrie mit dem Verlagswesen behielt ihre Bedeutung bis zum Beginn der Industriellen Revolution. Ab Mitte des 19. Jahrhunderts war sie jedoch nicht mehr konkurrenzfähig, was vielen Regionen bittere Armut bescherte (Bohnsack 2002, S. 135 ff.).

Der Spinntechnik brachte die frühe Neuzeit die letzte wichtige Verbesserung des Spinnrades: Vermutlich im 16. Jahrhundert wurde der Fußantrieb erfunden, frühe Abbildungen fehlen jedoch (Ludwig 1990, 87). Der Legende nach ist die Erfindung einem Herrn Johann Jürgens zu verdanken (Lange 1930, S. 9. ff), möglicherweise stammt sie jedoch eher aus England (Bohnsack 2002, S. 118 ff.). Das Spinnen war nun bequemer geworden, da man im Sitzen und mit beiden Händen arbeiten konnte. Vermutlich war das der Hauptgrund, warum sich dieser Spinnradtyp vor allem in der ländlichen Hausindustrie durchsetzte und das Flügelspinnrad mit Fußtritt unsere Vorstellung von einem Spinnrad bis heute prägt. Anscheinend störte es nicht, dass das Flügelspinnrad durch das kleinere Schwungrad langsamer war als die alten Spindelräder. Diese wurden wegen der höheren Produktivität jedoch vor allem in den großen Manufakturen weiterhin verwendet.

Der Beginn der Industriellen Revolution

Im 18. Jahrhundert begann in England ein neues Zeitalter. Der Zeitgeist förderte das

Abb. 33: Die *spinning jenny* von James Hargreaves. Sie wurde von einer Person per Hand angetrieben und arbeitete nach dem Prinzip des Spindelrades. Die auf der *spinning jenny* gesponnenen Garne waren nicht sehr fest und konnten von den Webern nur als Schuss-Garn, nicht aber zum Schären der Kette verwendet werden.

Kupferstich nach Abraham Rees 1820, Foto Deutsches Museum.

Streben nach Gewinn, und Privatkapital ermöglichte Investitionen in neue Techniken. Das Großgewerbe verdrängte die alten Produktionsmethoden. Medizinische Fortschritte und steigende Bodenerträge hatten eine extremes Bevölkerungswachstum zur Folge. Durch Maschinen und rationelle landwirtschaftliche Methoden wurden jedoch weniger Arbeitskräfte benötigt. In der Folge breiteten sich Armut und Not aus und verursachten Landflucht und Auswanderungswellen.

Die Baumwollverarbeitung war Grundlage für die Entstehung des ersten echten Industriezweigs: der Textilindustrie. Das hier erwirtschaftete Kapital bildete die Basis für nachfolgende Industriezweige wie Bergbau und Schwerindustrie. Das neue Fabriksystem brachte die Arbeiterklasse hervor, die wegen eines Überangebotes an Arbeitern hemmungslos ausgebeutet wurde. Hungerlöhne, überlange Arbeitszeiten und Kinderarbeit waren an der Tagesordnung.

Spinnmaschinen der Neuzeit

Sucht man ein Anfangsdatum für die

Industrielle Revolution mit ihrer Flut von neuen Erfindungen, so könnte man das Jahr 1733 auswählen. In diesem Jahr erfand der Brite John Kay den Webstuhl mit Schnellschützen. Diese Erfindung ermöglichte das Weben breiterer Stoffe und verdoppelte die Geschwindigkeit des Webvorganges. Jedoch entstanden nun Engpässe beim Garn-Nachschub. Der sprichwörtliche „Garn-Hunger" dieser Zeit spornte zur Erfindung schneller Spinnmaschinen an, in einigen Ländern wurden sogar Preisgelder dafür ausgelobt. Während John Kay und auch die Erfinder der ersten Spinnmaschinen sich noch vor ihren Kollegen in Acht nehmen mussten, die aus Angst um ihre Existenzgrundlage immer wieder neu erfundene Maschinen zerstörten, war ab dem späten 18. Jahrhundert der Industrialisierung nichts mehr entgegenzusetzen.

Die folgende Aufzählung gibt eine Übersicht der wichtigsten Meilensteine in der Entwicklung der maschinellen Spinnerei:

- 1738 wurde von Lewis Paul das erste Patent für eine Spinnmaschine eingereicht. Die genaue Technik seiner Maschine ist nicht bekannt, und das produzierte Garn war anscheinend von so schlechter Qualität, dass es sich auf dem Markt nicht durchsetzen konnte.
- Um 1764 entwickelte James Hargreaves die erste *spinning jenny*, auf der acht Fäden gleichzeitig gesponnen werden konnten. Spätere *jennys* hatten sogar bis zu 100 Spindeln. Sie wurden von einer Person per Hand angetrieben und arbeiteten nach dem Prinzip des Spindelrades im sogenannten abgesetzten Spinnverfahren, so dass zum Aufwickeln des Garnes der Spinnvorgang unterbrochen werden musste. Die auf der *spinning jenny* gesponnenen Garne waren nicht sehr fest und konnten von den Webern nur als Schussgarn verwendet werden.
- 1769 reichte Richard Arkwright das Patent für eine Spinnmaschine namens *water-frame* ein. Sie wurde durch Wasserkraft angetrieben und war eine Flügelspinnmaschine, die kontinuierlich ein festes Kettgarn spinnen konnte. Arkwright entwickelte und verbesserte auch Maschinen zur Wollaufbereitung.
- Samuel Crompton vereinigte 1779 Elemente der *spinning jenny* und der *water-frame* zu einer Spinnmaschine mit Absetzverfahren namens *mule*, auf der sowohl dickes als auch feines und sowohl weiches Schuss- als auch festes Kettgarn hergestellt werden konnte. Um 1800 gab es *mules* mit 400 gleichzeitig arbeitenden Spindeln auf einer Maschine.
- Im Jahr 1781 erfand James Watt die Dampfmaschine. Nach und nach wurden immer mehr Maschinen so umgestaltet, dass sie nicht mehr von Hand betrieben werden mussten.
- Der letzte Schritt in der Entwicklung des abgesetzten Spinnverfahrens war die Erfindung der *selfactor* durch Richard Roberts 1830. Der bei den bisherigen Maschinen per Hand gesteuerte Wechsel zwischen Spinn- und Aufwickel-Phasen wurde nun automatisiert.
- 1831 wurde in den USA das Prinzip des kontinuierlichen Spinnens durch die Erfindung der Ringspindel optimiert. Da die Ringspinnmaschinen produktiver sind als Maschinen mit Absetzverfahren, setzen sie sich durch und werden bis heute genutzt

– inzwischen allerdings computergesteuert. Im Rahmen dieses Buches kann nur ein kleiner Überblick über die Entwicklung seit Beginn der Industriellen Revolution gegeben werden. Wer sich intensiver mit der Maschinenspinnerei befassen will, dem sei für die Flachsspinnerei Tillmann (2006) und für die Woll- und vor allem Baumwollspinnerei Bohnsack (2002) als Einstiegs-Lektüre empfohlen.

Gegen Ende des 18. Jahrhunderts hatte die maschinelle Garnproduktion die häusliche Handspinnerei als Wirtschaftsfaktor abgelöst. Jedoch blieb das häusliche Spinnen in vielen Regionen für den Eigenbedarf erhalten, und bei wohlhabenden Damen entwickelte sich das Spinnen zu einer angesehenen Freizeitbeschäftigung. Es wurden Spinnräder aus edlen Hölzern wie Mahagoni oder Rosenholz hergestellt, die sogar mit Elfenbein und wertvollen Metallen verziert wurden (Leadbeater 1979, S. 11).

Noch ein Wort zu den damaligen Arbeitsverhältnissen: Während die Fabrikbesitzer Kapital anhäuften, hatten die Arbeiter in den Fabriken ein schlechtes Los gezogen. Es waren vor allem Frauen und Kinder, die an den Maschinen arbeiteten. Durch den feinen Faserstaub in der Luft litten viele an Lungenerkrankungen, und die allgemeine Belastung durch die schlechten Arbeitsbedingungen tat ihr übriges. Ich überlasse es einem Dichter die passenden Worte für dieses Leid zu finden:

Abb. 34: Ein kleines Mädchen arbeitet in einer amerikanischen Spinnerei. Foto des sozialdokumentarischen Fotografen Lewis Hine (1908).

Foto Lewis Hine, National Child Labor Committee collection, Library of Congress.

„Das Maschinenkind"

Noch zählte ich acht Sommer kaum, musst' ich verdienen gehn,
Musst' dort in dem Maschinenhaus stets auf die Spindeln sehn.
Ich bin nun schon zwölf Jahre alt und noch so schwach und klein;
Die Wangen bleich, die Lippen blau – Wie könnt' es anders sein?
Stand da gebannet Jahr und Tag und Tag und Nächte gleich:
Drum welkten mir die Lippen blau, und meine Wangen bleich.
Durft' nimmer mich der Blumen freun, nicht trinken Sonnenschein;
Drum schwellen meine Knie auf, und ich bin schwach und klein.
Doch bin ich ja ein armes Kind, muss ins Maschinenhaus!
Und bis die Abendglocke tönt, darf nimmer ich hinaus.
Und dann auch bin ich noch nicht frei, soll in die Schule gehn,
Mit mattem Aug' und müdem Leib; Was soll ich da verstehn?
Der Vater geht zur Schenke hin, die Mutter kocht Kaffee;
Ich aber muß verdienen gehn, und mir ist doch so weh!

Ignatz Thomas Scherr (1801-1870), zitiert nach Tillmann (2006)

III. Spinner gibt es überall!

Im letzten Abschnitt des Buches werfen wir einen Blick auf das Spinnen, wie es uns heutzutage noch begegnet. Wie sehen die benutzten Spinngeräte aus, was deuten Archäologen aus Spinnwirtelfunden, wo wird noch für den Lebensunterhalt gesponnen wie früher, und wo spinnen heute wieder „neue" Hobby-Spinner, was ist vom Spinnen in der Sprache und der Kunst bis heute überliefert worden und was passiert eigentlich nach der ganzen Spinnerei?

Spinnen mit der Handspindel

Nutzt man die Handspindel heute überhaupt noch? Aber ja! In vielen Regionen der Welt wird auch heute noch mit der Handspindel gesponnen, vor allem im Nahen Osten, in Teilen Afrikas und Asiens sowie in Süd- und Mittelamerika. Manche spinnen aus traditionellen Gründen, andere aus finanziellen, sei es, um sich wirklich aus dem gesponnenen Garn Kleidung herzustellen, oder aber auch nur, um ein schönes Fotomotiv für Touristen abzugeben.

Es gibt einige gute Gründe, die Handspindel dem Spinnrad vorzuziehen. Im Prinzip kann jeder einfach eine Handspindel herstellen, und das Material kostet fast nichts. Zur Not reicht auch ein Holzstab und eine aufgespießte Kartoffel. Mit der Handspindel können alle Faserarten versponnen werden, aber nicht jedes Spinnrad eignet sich für jede Faser. Zudem lässt sich eine Spindel gut transportieren und praktisch überall benutzen: Auf dem Weg zum Markt, beim Hüten der Schafe oder beim Warten auf den Bus.

In Europa war das Spinnen mit der Handspindel fast ausgestorben. Zur Zeit kommt es jedoch bei Hobby-Spinnern und historisch Interessierten wieder in Mode.

Abb. 35: Diese Frau spinnt, während sie auf einem Markt in Peru auf Kundschaft wartet.
Foto Lindsay Stark.

Spindeltypen

Spindeln können zwar recht verschieden aussehen, ihr Grundaufbau ist jedoch stets gleich: Eine Achse, meist ein Holzstab, bildet das Drehzentrum. Durch eine Verdickung des Stabes oder einen Wirtel wird die Drehung stabilisiert. Meist dient der Stab, seltener der Wirtel, zum Aufwickeln des fertigen Garns.
Zur Unterscheidung von in Maschinen eingesetzten Spindeln benutzt man meist den Begriff Handspindel. Abhängig davon, ob der Spinnwirtel am unteren oder oberen Ende der Spindel sitzt, unterteilt man diese grob in Kopf- und Fußspindeln. Das kann durchaus verwirren, denn damit ist eine Fußspindel gleichzeitig eine Handspindel. Der Wirtel kann aber auch in der Mitte des Spindelstabes sitzen, fehlen oder gleich mehrfach vorhanden sein. Er dient als Schwunggewicht, das nach dem gleichen Prinzip wie beim Kreisel die Drehung stabilisiert, verlängert und zudem die Drehgeschwindigkeit beeinflusst.
Unterschiede finden sich vor allem bei Größe, Gewicht, Gestalt und dem verwendeten Material. Das Gewicht der Spindel wirkt sich auf die spinnbare Fadendicke aus. In der Tendenz spinnt man feine Fäden eher mit leichten Spindeln, für das Spinnen von groben Fäden oder auch das Verzwirnen mehrerer Fäden benutzt man dagegen schwere Spindeln. Die Wirtelform beeinflusst Drehdauer und -geschwindigkeit. Für eine gleichmäßige Drehbewegung ist es wichtig, dass der Wirtel symmetrisch ist. Ein eher kugeliger, kompakter Wirtel dreht sich schnell aber kurz, ein weit ausladender dagegen langsamer, aber länger.

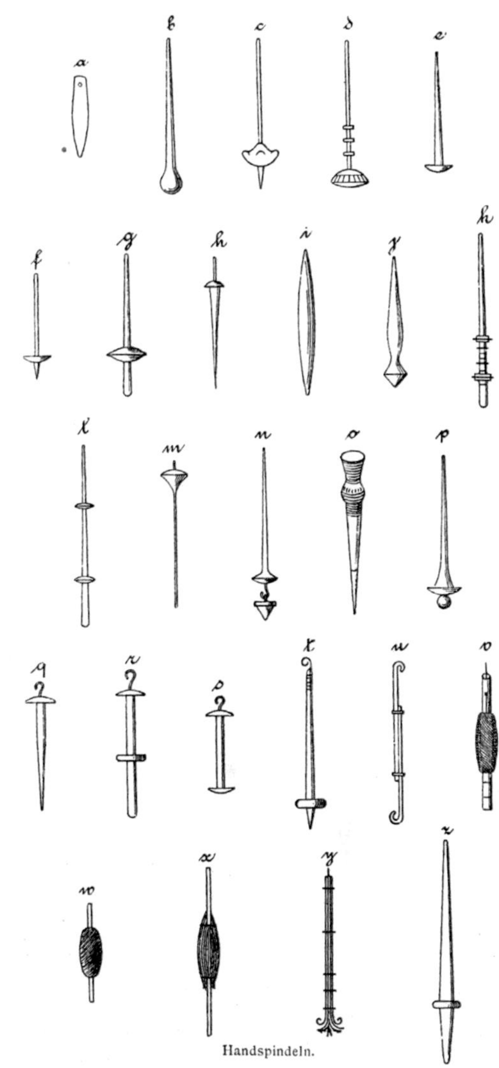

Abb. 36: Sammlung von Spindeltypen nach einer Darstellung von Hugo Edlen von Rettich: Die Spindeln stammen aus verschiedenen Epochen und unterschiedlichen Teilen der Welt.
Zeichnungen nach Rettich 1895.

Manche Spindelformen sind sehr typisch für bestimmte Zeiten oder Regionen. So wurden im pharaonischen Ägypten Kopfspindeln verwendet, wie man von Grabmalereien aus dieser Zeit weiß. Auf manchen Bildern sieht man sogar eine Person mit zwei Spindeln gleichzeitig spinnen. Das war allerdings nur möglich, weil die Ägypter keine losen Fasern, sondern ein schon sehr aufwändig vorbereitetes Vorgarn versponnen haben (Barber 1991, S. 45 ff.).

Von historischen Fotos aus dem Sudan und aus Ägypten ist eine Spinntechnik belegt, bei der die Kopfspindel nicht frei schwingend genutzt wird, sondern nach oben zeigend in der Hand gedreht wird (Crowfoot 1931, S. 10 ff.). Kopfspindeln wurden auch für eine weitere Spinntechnik verwendet, bei der ein Vorgarn über eine hohe Astgabel oder einen Haken in der Decke geführt wird, und man die daran hängende Kopfspindel mit beiden Händen dreht. Genutzt wurde diese Methode im alten Ägypten, bei den Salish-Indianern und in Teilen Spaniens (Crowfoot 1931, S. 14 ff.).

Abb. 37: Diese Standspindel für Baumwolle wird in einer Kalebassenschale gedreht. Als Rocken dient ein einfacher kurzer Holzstock.

Foto Hugo van Tilborg, Benin.

In Europa waren seit der Jungsteinzeit Fußspindeln in Gebrauch, wie wir von den seltenen komplett erhaltenen Spindelfunden wissen. Bei den Fußspindeln sitzt der Spinnwirtel im unteren Drittel der Spindel. Sie werden üblicherweise mit Daumen und Zeigefinger wie ein Kreisel angetrieben und drehen sich dann entweder frei hängend oder am Boden aufgesetzt als Standspindel. Vor allem zum Spinnen von feinen Fäden oder sehr kurzen Fasern benutzt man Standspindeln, die häufig in einer Schale gedreht werden und relativ leicht sind. So kann das Eigengewicht der Spindel den Faden nicht zum Zerreißen bringen.

Eine besondere Form von Standspindeln sind die großen Navajo-Spindeln. Man sitzt hier beim Spinnen auf dem Boden oder einem Stuhl, und der lange Schaft der auf dem Boden stehenden Spindel wird über dem Unter- oder Oberschenkel abgerollt. Die Navajo stellen so dicke Teppichgarne her. Diese Technik ist aber auch mit kleineren Spindeln und für andere Regionen belegt, z.B. für den Sudan und Ägypten, wo sie häufig zum Zwirnen benutzt wird (Crowfoot 1931, 17 ff.).

Abgesehen von der Wirtelform ist für das

Überblick: Spinn-Varianten mit der Handspindel

Diese schematische Übersicht zeigt nur eine Auswahl mit den wichtigsten möglichen Varianten. Wie man eine Spindel handhabt, ist nicht nur vom gewünschten Garn abhängig, sondern auch von der regionalen Spinntradition. Zudem wurden alle Abbildungen mit der gleichen schematisierten Spindel umgesetzt, auch wenn in der Realität bestimmte Spindelformen für bestimmte Techniken bevorzugt wurden oder werden. Nur bei Variante 1 ist eine Befestigung des Garns am oberen Spindelende zwingend notwenig, da sie frei in der Luft hängt. Bei der letzten Variante ist eine Befestigung sicher hilfreich, alle anderen funktionieren jedoch (auch) durch Abrutschen lassen des Garns über die Spitze.

1. frei hängend gedrehte Spindel, auch Fallspindel; engl. suspended spindle; sehr weit verbreitet; kann mit den Fingern wie ein Kreisel gedreht werden, für höhere Geschwindigkeiten auch durch Abrollen des Spindelstabes über den Oberschenkel oder zwischen den Handflächen.

2. auf einer Unterlage gedrehte Spindel, auch Standspindel; engl. supported spindle; sehr weit verbreitet, besonders zum Spinnen feiner Garne und kurzer Fasern wie zum beispiel Baumwolle; oft ohne oder nur mit kleinem Wirtel; wird gedreht wie ein Kreisel.

3. in der Hand gedrehte Spindel; die Spindel behält ständig Kontakt zu einer nach oben oder unten ausgestreckten Hand, in der sie zwischen den Fingern oder durch eine Kreisbewegung der ganzen Hand gerollt wird; nur eine Hand ist für das Ausziehen der Fasern frei.

4. über das Bein abgerollte Spindel, auch Navajo-Spindel; eine besondere Form der Standspindel, vor allem in Nordamerika verbreitet; mit einer Hand wird die Spindel entlang des Unter- oder Oberschenkels gerollt, die andere zieht die Fasern aus.

5. mit beiden Händen gedrehte Spindel; für diese Technik ist ein sorgfältig hergestelltes Vorgarn notwendig, das durch oder über ein Hindernis gezogen und hierbei verstreckt wird, während die Spindel mit beiden Händen gedreht wird.

Spinnverhalten einer Spindel auch interessant, wie der aufgewickelte Faden befestigt wird. Denn je zentraler der Punkt liegt, an dem die Spindel am Faden hängt, desto weniger taumelt die Spindel beim Drehen. Dieser Punkt liegt bei einem Haken immer zentraler als bei einem glatten Spindelende, an dem der Faden nur mit einer Schlaufe fixiert werden kann.

Kopfspindeln haben üblicherweise einen Haken direkt über oder in der Mitte des Wirtels, in den der Faden eingehängt werden kann. Oft hat der Wirtel zudem randlich eine Kerbe, um dem Faden Halt zu geben.

Auch manche Fußspindeln besitzen einen Haken am oberen Ende. Viele haben aber nur ein einfaches glattes oder zumindest eingekerbtes Stabende, das gerade oder spitz zulaufend sein kann. Bei diesen wird der Faden mit einer gedrehten Schlaufe, einem sogenannten „halben Schlag“ oben fixiert. Ein angespitztes oberes Ende hat den Vorteil, dass der Punkt, an dem Faden und Spindel verbunden sind, etwas näher zum Zentrum der Drehbewegung verschoben wird. Damit der schon aufgewickelte Faden nicht hoch rutschen und sich lösen kann, wird bei Fußspindeln der Faden üblicherweise zuerst unter dem Wirtel entlang und um den Stab herumgeführt, bevor man ihn am oberen Ende befestigt.

Das untere Ende ist bei Standspindeln immer spitz oder kugelig, damit sie beim Drehen auf einer Unterlage weniger Reibung haben. Auch Fallspindeln sind häufig angespitzt, um sich die Möglichkeit offen zu halten, sie auch als Standspindel nutzen zu können. Die von einer Hobby-Spinnerin und Reenactress vertretene These, dass es im Mittelalter für eine Spinnerin von Vorteil war, wenn eine fallende Spindel durch ein angespitztes Ende aufrecht im Dreck stecken blieb, macht durchaus auch Sinn. Damals bestanden in den Dörfern die Straßen und Wege oft nur aus Schlamm und Unrat, was heute oft auf Mittelaltermärkten und Living-History-Events hervorragend nachempfunden wird.

Spinnzubehör

Prinzipiell reicht zum Spinnen eine Handspindel. Es gibt jedoch einige zusätzliche „Gerätschaften“, die als Spinnzubehör beim Spinnen mit der Handspindel hilfreich sein können.

Zu den schon erwähnten Standspindeln gibt es oft spezielle Schalen oder Gefäße, in denen sie gedreht werden.

Ein weiteres wichtiges Zubehör ist der Spinnrocken (auch Wocken oder Kunkel) zum Befestigen des Spinnmaterials. Wolle kann man recht gut direkt aus der Hand spinnen, aber bei langfaserigem Flachs ist es schon sehr hilfreich, diesen ordentlich auf einem Rocken zusammenzubinden und dann von dort die Fasern zum Spinnen herauszuziehen.

Im antiken Griechenland wurde vermutlich ein von Hand verzogenes aber unverdrehtes Vorgarn auf den Rocken gewickelt. Da eine Faservorbereitung durch Kardieren erst seit dem Mittelalter nachzuweisen ist, war es vorher vermutlich nur durch eine sorgfältige Vorgarnherstellung möglich auch sehr feine und ebenmäßige Garne zu spinnen (Nyberg

1990, S. 81).

In Litauen galt der Rocken als Fruchtbarkeitssymbol und war Teil der Mitgift. Litauische Rocken bestehen oft aus einem liegenden Brett, auf dem die Spinnerin sitzt, und in das der eigentliche Rockenstab an der Seite hineingesteckt wird. Das obere Ende des Rockenstabes ist brettförmig und oft sehr aufwändig mit Schnitzereien verziert (Kargaudiene 1989).

Aus dem Ägypten der 1930er Jahre berichtet Crowfoot (1931, S. 37), dass der Rocken hier nur zu besonderen Gelegenheiten benutzt wurde, z.B. wenn man unterwegs während des Laufens spinnen wollte, oder wenn man plante eine längere Zeit ununterbrochen zu spinnen. Ansonsten bevorzugte man es dort die Fasern in der Hand zu halten.

In Nordamerika wurde Flachs von verheirateten Frauen mit einem grünen Band am Rocken befestigt, von unverheirateten mit einem roten Band (Leadbeater 1979, S. 18).

Abb. 38: Verschiedene Rockentypen zum Spinnen mit der Handspindel, Frankreich, um 1900.
Alte Postkartenmotive, Fotografen unbekannt.

Abb. 39: Spindelsammlung des Franz Releaux (1829-1905), der als einer der einflussreichsten Ingenieurwissenschaftler seiner Zeit galt.
Foto Deutsches Museum, Nachlass Releaux.

Spinnen mit dem Spinnrad

Wie die Handspindel wird auch das Spinnrad heute noch in vielen Regionen der Welt genutzt. Und nicht nur in der „modernen“ Form des Flügelspinnrads mit Fußtritt, sondern auch einfache handbetriebene Spindelräder sind beispielsweise auf dem indischen Subkontinent noch weit verbreitet. In den Industrienationen breitet sich das Spinnradspinnen als Hobby wieder aus, so dass inzwischen sogar einige kleine, aber international tätige Unternehmen vom Spinnradbau leben können.

Abb. 40: Frauen im Tibetan Refugee Centre in Darjeeling (Indien) arbeiten mit Spinnrädern aus Fahrradfelgen.

Foto Michael Reeve.

Die Verbreitung und Entwicklung des Spinnrads

Asien: Wahrscheinlich schon vor über 2000 Jahren haben Chinesen die ersten einfachen Spindelräder erfunden. Sie nutzten mit Sicherheit Spulräder zum Abwickeln von Seiden-Kokons oder zum Verzwirnen der langen Seidenfasern. Auch die Handspindel war bekannt, und eine Kombination von Handspindel und Spulrad war im Grunde nur eine logische Konsequenz. In den letzten Jahrhunderten vor Christus geht außerdem die Anzahl von Spinnwirtelfunden deutlich zurück, was ein weiterer Hinweis auf die Ausbreitung des Rades und ein Verdrängen der Handspindel ist (Kuhn 1988, S. 159).

Diese frühen Spinnräder nutzte man zum Verspinnen kurzer Seidenfaserabfälle, der einheimischen Faserpflanze Ramie und später auch für Baumwolle. Handbetriebene Spinnmaschinen mit mehreren Spindeln, die im 18. Jahrhundert in England die Speerspitze der Industriellen Revolution darstellten, waren in China schon im 14. Jahrhundert im Gebrauch. Aber auch in Indien wurde schon früh Baumwolle mit Spindelrädern versponnen, und Persien ist ebenso als Geburtsstätte des Spinnrades im Gespräch.

Europa: Erst im Mittelalter, spätestens im 13. Jahrhundert, wurde das erste Spindelrad oder zumindest die technische Idee zusammen mit der immer beliebter werdenden Baumwolle auch nach Europa importiert. Allerdings unterschieden sich die frühen europäischen Spindelräder optisch von den asiatischen, da sie nicht sitzend betrieben wurden, sondern im Stehen. Europäische Erfindungen sind die Weiterentwicklungen des Spinnrads durch den Spinnflügel im 15. Jahrhundert und den Fußantrieb im 16. Jahrhundert.

Amerika, Australien, Afrika: Das Spinnrad wurde in der Kolonialzeit in Teilen Amerikas, Australiens und Südafrikas eingeführt. Spätestens mit der Erfindung der modernen Spinnmaschinen starb der Gebrauch in den meisten Regionen aber wieder aus. In Mittel- und Südamerika konnte sich das Rad nie ganz gegen die Handspindel durchsetzen, die dort auch heute noch benutzt wird. In vielen Ländern erfolgte jedoch eine moderne Wiederbelebung des Spinnradgebrauchs als Hobby.

Gandhi und die Spinnrad-Kampagne

Mohandas Karamchand Gandhi (1869-1948), genannt Mahatma Gandhi, war ein indischer Rechtsanwalt, Pazifist, Menschenrechtler und politischer sowie geistiger Führer der indischen Unabhängigkeitsbewegung. Diese führte 1947 mit dem von ihm entwickelten Konzept des gewaltfreien Widerstandes das Ende der britischen Kolonialherrschaft über Indien herbei.

Er rief nicht nur zum Boykott aller britischen Waren und Firmen auf, sondern regte zugleich die Wiederbelebung der traditionellen indischen Heimspinnerei und -weberei an. Einerseits, um Indien von der britischen Textilindustrie unabhängig zu machen, andererseits um die drückende Armut auf dem Lande – Folge der Ausbeutung durch britische Industrielle – zu beseitigen. Als Symbol für die von ihm propagierte Rückkehr zum einfachen Dorfleben und die Erneuerung des heimischen Handwerks benutzte Gandhi regelmäßig selbst ein Spinnrad. Bei Besuchen in Großbritannien traf Gandhi mit den Arbeitern in englischen Tuchfabriken zusammen. Obwohl diese Kampagne zu ihren Lasten ging, zeigten sie Verständnis für die Lage der Inder und deren Aktion. Gandhi machte das Spinnrad zum Symbol der indischen Unabhängigkeit und des friedlichen Widerstands. Noch heute ziert ein stilisiertes Rad die indische Flagge.

Abb. 41: Gandhi im Jahr 1929 beim Spinnen mit einem Charka, dem indischen Spindelrad.
Unbekannter Fotograf, Quelle wikimedia commons.

Abb. 42: Eine Frau in Agato (Equador) spinnt Wolle für Ponchos auf einem Spindelrad.
Foto Thomas F. Aleto, Bloomsburg University.

Spinnradformen

Die einfachsten und auch ältesten Spinnräder sind die Spindelräder. Ihr simpler Aufbau aus waagerecht gelagerter Spindel, die über einen Riemen durch ein großes Schwungrad angetrieben wird, ist bereits erklärt worden (siehe Abb. 27). Vor allem zum Spinnen kurzer Fasern wie der Baumwolle ist es hervorragend geeignet, weil es im Gegensatz zum Flügelspinnrad keinen Zug auf den Faden ausübt.

In Europa wurde das Spindelrad durch die Erfindung des Spinnflügels und des Fußtritts zu dem „typischen" Spinnrad weiterentwickelt, wie wir es auch heute noch kennen und vor allem in Heimatmuseen regelmäßig bewundern können.

Jedoch sehen diese Flügelspinnräder nicht alle gleich aus. Je nach Region waren unterschiedliche Bautypen in Europa verbreitet. Informationen darüber, welche Spinnradformen wo besonders typisch waren, finden sich beispielsweise bei Vogt 2008, Leadbeater 1979 oder Baines 1977.

Vereinfacht kann man drei Grundformen von Flügelspinnrädern unterscheiden (siehe auch Spinnradtypenübersicht S. 65):

- das Bockrad, bei dem Spule und Antriebsrad auf einer Plattform senkrecht übereinander stehend angeordnet sind;
- das Langrad, auch Ziege genannt, bei dem beide Bestandteile auf einem Brett montiert waagerecht oder leicht schräg nebeneinander liegen;
- und Räder, die horizontal oder vertikal in einem offenen Rahmengestell montiert sind.

Das Bockrad hatte dabei in Europa die weiteste Verbreitung, während das Langrad als ältester Bautyp vor allem im Norden, die Spinnräder mit Rahmen eher im Süden verbreitet waren (Vogt 2008, 61ff.). Heute findet man aber bedingt durch Antiquitätenhandel, Tourismus und Internet-Auktionen fast überall Spinnräder aller Bautypen.

Weitere Unterscheidungen kann man anhand der Mechanik machen: Arbeitet das Rad mit einfachem oder doppeltem Antriebsriemen, hat es eine Flügel-/Spulenbremse, wie ist der Fußtritt mit dem Schwungrad und dem

Gestell verbunden, hat es einen integrierten Rocken, ...? Eine sehr detaillierte Analyse der Funktionsweise verschiedener Spinnradtypen mit vielen Abbildungen und einem großen Katalogteil findet man bei Buxton-Keenlyside (1980).

Es gab und gibt natürlich immer wieder Sonderformen, z.B. Spinnräder mit zwei hintereinandergeschalteten Antriebsrädern, um die Geschwindigkeit zu erhöhen, Räder mit zwei Spulen, an denen zwei Personen zusammen oder eine geübte Person zwei Fäden gleichzeitig spinnen konnte (in Deutschland manchmal Hochzeitsrad und in Amerika auch gossip wheel genannt), sehr hohe Räder, bei denen das Antriebsrad oberhalb der Spule liegt, Räder mit doppeltem Fußtritt, Spinnräder komplett aus Metall und modern sogar aus Plastik, Spinn-Aufsätze für fußbetriebene Nähmaschinen und vieles mehr.

Der Trick mit dem Spinnflügel

Der praktische Nutzen und auch die Funktionsweise des Fußtritts ist offensichtlich. Der Spinnflügel ist dagegen eine etwas kompliziertere Erfindung. Bei Handspindel und Spindelrad sind Spinnen und Aufwickeln getrennte Arbeitsschritte, die im ständigen Wechsel durchgeführt werden müssen. Der Spinnflügel ermöglicht dagegen ein gleichzeitiges Spinnen und Aufwickeln des Garnes. Wie er funktioniert, ist jedoch nicht auf den ersten Blick zu erkennen.

Der U- oder V-förmige Spinnflügel dreht sich getrennt von der Spule, auf der das Garn während des Spinnens aufgewickelt wird. Über die Häkchen auf einem Arm des Flügels laufend wird das Garn auf die Spule geleitet. Man wechselt regelmäßig zwischen den Häkchen hin und her, um die Spule gleichmäßig zu füllen. Das Garn kommt vom Einzugsloch im vorderen Ende des Flügels. Dadurch dreht der Flügel mit jeder Umdrehung auch den Faden und sorgt so für das eigentliche Spinnen. Vor dem Einzugsloch sitzt die spinnende Person und muss nur die Fasern aus dem Vorrat herausziehen und den Drall hineinlaufenlassen.

Drehen sich Spule und Flügel im gleichen Tempo, wird kein Garn aufgewickelt, da der Flügel den Faden dann nur an der gleichen Stelle mit Abstand über der Spule hält. Das Garn würde dabei bloß immer stärker gedreht und irgendwann brechen. Also muss man dafür sorgen, dass sich Flügel und Spule in unterschiedlichem Tempo bewegen. Denn dreht sich der Flügel schneller, wickelt er das Garn um die Spule. Dreht sich der Flügel langsamer als die Spule, wickelt diese durch ihre Eigendrehung das Garn auf. Die Herausforderung beim Spinnen mit dem Flügelspinnrad ist es also, die Drehgeschwindigkeiten von Flügel und Spule ins richtige Verhältnis zu bringen, damit das Garn den gewünschten Drall bekommt, bevor es aufgewickelt wird.

Hierfür gibt es zwei verschiedene Antriebs-Varianten, nämlich mit einfachem oder mit doppeltem Antriebsriemen.

Bei der ersten Version wird entweder nur der Flügel oder nur die Spule durch den Riemen angetrieben. Das Mitdrehen des jeweils anderen Bestandteils erfolgt durch das Garn, das ja Spule und Flügel verbindet. Damit sich die beiden nicht im gleichen Tempo drehen, wird entweder der Flügel oder die Spule durch eine Bremse verlangsamt. Je nach Einstellung der Bremse kann man so entscheiden, wie stark die Drehung des Garns sein soll, bevor es aufgewickelt wird.

Der doppelte Antriebsriemen ist eigentlich nur ein einziger Riemen, der aber zweimal um das Antriebsrad verläuft und jeweils einmal über eine Antriebsscheibe am Flügel und einmal über eine Antriebsscheibe an der Spule. Diese beiden Scheiben sind nicht gleich groß, so dass sich die eine immer schneller dreht als die andere und so eine Aufwicklung stattfinden kann. Die Feineinstellung ist hier schwieriger. Sie geschieht über eine Schraube, welche das komplette Spinngestell verschiebt und so die Spannung des Antriebsriemens verändert.

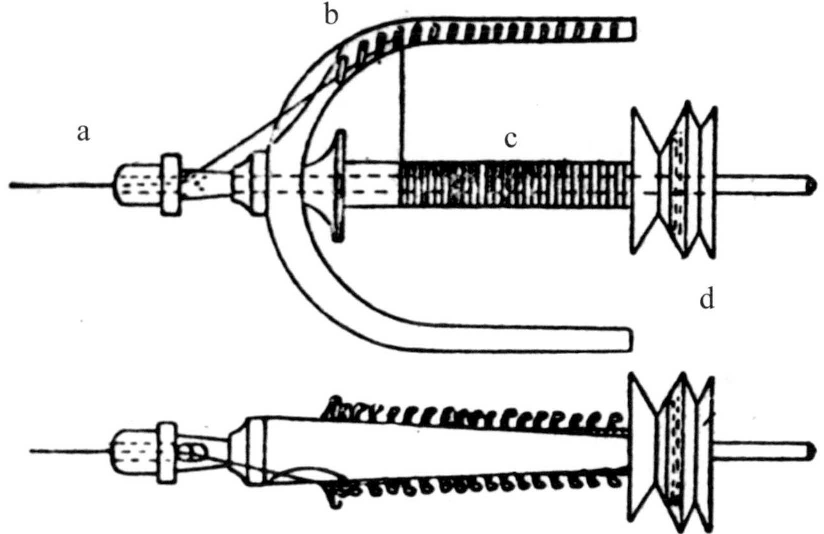

Abb. 43: Die Funktionsweise des Spinnflügels: Das Garn wird vor dem Einzugsloch (a) durch die Drehung des Flügels (b) versponnen. Die spinnende Person muss nur die Zugabe neuer Fasern mit ihren Händen steuern. Das fertige Garn läuft durch das Einzugsloch, über die Haken am Spinnflügel und wird auf die Spule gewickelt (c).

Das Aufwickeln findet immer dann statt, wenn sich Spule und Flügel unterschiedlich schnell drehen. Drehen sie gleichschnell, wird das Garn nur gesponnen (gedreht). Abhängig vom Mechanismus haben Spule und Flügel, bzw. Spule oder Flügel eine Antriebsscheibe (Wirtel, d) und sind durch einen Riemen mit dem Schwungrad verbunden.

Veränderte Grafik nach Brockhaus Konversationslexikon 1893-96.

Was bedeutet „Übersetzung“?

Je höher die Übersetzung bei einem Spinnrad ist, desto schneller drehen sich Spindel, Flügel oder Spule. Sie sagt etwas über das Verhältnis vom Umfang bzw. Durchmesser der beiden verbundenen Räder aus. Bei einem Spinnrad mit einer Übersetzung von 1:12 bedeutet das, eine Umdrehung des großen Rades erzeugt 12 Umdrehungen der kleinen Antriebsscheibe (Wirtel) von Spindel, Flügel oder Spule. Durch das große Schwungrad hatten die frühen europäischen Spindelräder eine sehr hohe Übersetzung. Solche Räder eigenen sich daher besonders zum schnellen Spinnen, und für kurze Fasern, die viele Umdrehungen brauchen um ein stabiles Garn zu bilden. Flügelspinnräder mit Fußtritt haben dagegen eine relativ niedrige Übersetzung und sind daher eher langsam. Vor allem für den langfaserigen Flachs, der nur wenige Umdrehungen für ein stabiles Garn braucht, ist das Flügelspinnrad jedoch bestens geeignet.

Abb. 44: Spreewälder Spinnstube in Burg; Postkartenmotiv um 1900. Die Spinnräder sind alle vom gleichen Bautyp und daher vermutlich aus lokaler Spinnradproduktion. Dieses Foto zeigt daher wahrscheinlich tatsächlich noch eine einheimische Spinnstuben-Tradition, und ist keine reine Inszenierung.

Postkarte Kunstverlag J. Goldiner, Berlin.

Schematische Übersicht der geläufigsten Flügelspinnradtypen

1. Flügelspinnräder mit Fußtritt nach ihrem Bautyp:
   Bockrad (A), Langrad oder Ziege (B) und Räder mit einem Rahmengestell (C).

A

B

C

2. Flügelspinnräder mit Fußtritt nach ihrem Spinn- und Spulmechanismus:
   Doppelter Antriebsriemen (A), Flügelbremse (B, Spannschnur mit Feder am Wirtel der Spule) und Flügelbremse (C, Lederriemen über dem Einzugsloch des Flügels)

A

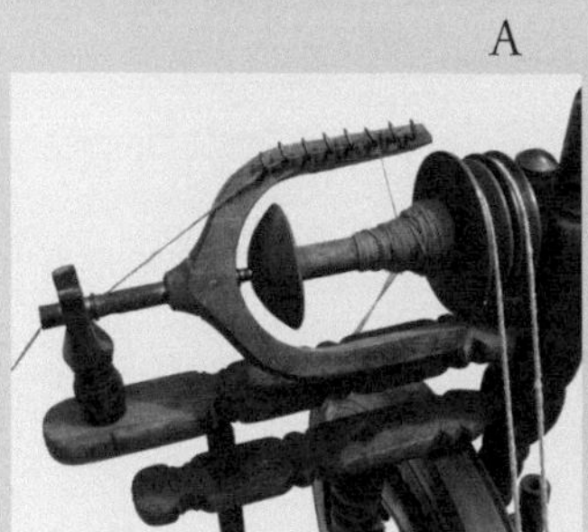

B

C

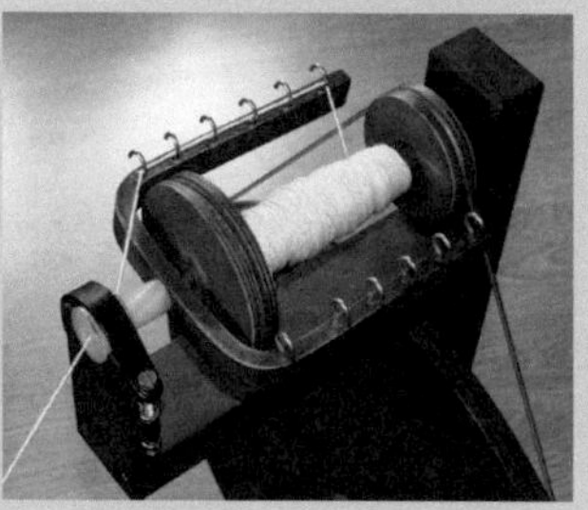

Abb. 45: Wie man am Zustand und an der Handhabung der Spinnräder erkennen kann, dienten sie auf diesen Ansichtskartenmotiven um 1900 nur noch als nostalgisches Dekorationsobjekt und konnten von den porträtierten Damen offensichtlich nicht mehr bedient werden.

Alte Postkartenmotive, Fotografen unbekannt.

Dornröschen & Co – Spinnen in Mythen, Märchen, Kunst und Sprache

Abb. 46: Wohlfahrtsmarke der Deutschen Bundespost mit Frau Holle Motiv. Nicht nur Dornröschen Illustrationen zeigen oft fälschlicherweise eine Flügelspinnrad. Auch bei Frau Holle ist es eigentlich eine Spindel, die in den Brunnen fällt.

Wo begegnet uns das Spinnen heute noch?

Nicht mehr viele Europäer wissen, wie man Fasern gewinnt und diese zu Textilien weiter verarbeitet. Das erledigen Maschinen oder Menschen in anderen Teilen der Welt für uns. Textilien sind Massenwaren und Wegwerfprodukte. Wer stopft schon noch ein Loch, wenn man für 1,99 Euro ein neues Paar Socken bekommt?
Doch früher waren Textilien Wertgegenstände, in deren Herstellung viel Zeit investiert werden musste. Vor allem Spinnen und Weben war über Jahrtausende Teil des Alltags. Doch die alten Techniken sind auch heute nicht ganz vergessen. Sie leben in unserer Sprache und Kunst weiter.

Das Spinnen in Märchen und Mythen

Die berühmtesten Märchen, in denen gesponnen wird, sind *Rumpelstilzchen*, *Frau Holle* und *Dornröschen*. Aber es gibt allein bei den Gebrüdern Grimm noch viele weitere, wie *Die drei Spinnerinnen*, *Allerleirauh*, *Die faule Spinnerin* oder *Spindel, Weberschiffchen und Nadel*. Leider sind viele Abbildungen in Märchenbüchern falsch, denn selbst wenn explizit von Spindeln die Rede ist, werden oft Flügelspinnräder dargestellt. Aber wo sollte sich Dornröschen an einem Spinnrad stechen? Und warum sollte sie fragen, was das für ein Ding ist, das da so lustig tanzt und springt? Nein, bei Dornröschen wurde noch mit der Handspindel gesponnen, die in der Luft tänzelt und kreiselt. Ebenso ist es bei Frau Holle, wo dem Mädchen eine Spindel, keine Spinnradspule in den Brunnen fällt. Vielleicht malen die Illustratoren diese Bilder nicht nur aus Unwissenheit, sondern auch, weil Spinnräder heute noch den meisten Menschen in Deutschland bekannt sind. Die Handspindel dagegen ist in Vergessenheit geraten.

Das Spinnen steht im Märchen oft symbolisch für eine Reife- oder Eheprüfung, die den Übergang vom Mädchen zur Frau markiert. So darf zum Beispiel die Müllerstocher den König erst nach bestandener Spinnprüfung heiraten - die Lügen des Müllers und die Todesdrohungen des Königs entschuldigen dabei, dass ja eigentlich Rumpelstilzchen das Stroh zu Gold gesponnen hatte.

Auch in der Mythologie begegnet uns das Spinnen. In verschiedenen europäischen Kulturen kennt man Schicksalsgöttinnen, die für den sprichwörtlichen „Lebensfaden" eines Menschen zuständig sind. Es sind die drei Nornen des nordischen Sagenkreises. In der griechischen Mythologie heißen sie Moiren, bei den Römern Parzen. Sie spinnen den Lebensfaden und durchtrennen ihn wieder, wenn unsere Zeit abgelaufen ist (Blisniewski 1992).

Häufig wurde die Kunst des Spinnens als Geschenk einer Göttin an die Menschen angesehen. So glaubten beispielsweise die Ägypter, diese Gabe der Isis zu verdanken, die Griechen führten sie auf Athene zurück.

Auch erwähnt werden soll die treue Penelope, die zwar nicht spinnend, aber webend 20 Jahre auf die Rückkehr ihres Odysseus wartete und sich mit einer List die Freier vom Leib hielt. Die adelige Römerin Lucretia, die als einzige Frau in Abwesenheit der kriegführenden Männer tugendhaft bleibt, verbringt ihre Nächte spinnend. Im antiken Rom gab es den Brauch Spindel und Rocken im Hochzeitszug hinter der Braut herzutragen, was auf das Wirken der Königin Tanaquil zurückgeführt wird, die für ihre Wollarbeiten

Abb. 47: Spinnen mit dem sogenannten Damenspinnrad um 1785. Handarbeit als Zeichen für Fleiß und Keuschheit galt für Frauen aus allen Gesellschaftsschichten als tugendhafte Pflichtaufgabe.

Kupferstich nach J.S. Halle 1788, Foto Deutsches Museum.

berühmt war. Der Arachne wird dagegen ihre Kunstfertigkeit zum Verhängnis, als sie bei einem Web-Wettstreit die Göttin Athene erzürnt und in eine Spinne verwandelt wird (Bliesniewski 2009, 121ff.).

Textile Sprichwörter

Viele heute noch gebräuchliche Redewendungen stammen aus dem Textilhandwerk. Diese Handarbeiten waren früher so sehr Teil des Lebens, dass jedem die Bedeutung solcher Redensarten verständlich war. Heute dagegen ist ihr Ursprung häufig nur noch zu vermuten. So ist noch nicht einmal mehr ganz klar, wieso man zu jemandem „Du spinnst ja!“ sagt, wenn er etwas Verrücktes tut oder erzählt. Es gibt zwei Theorien: Entweder geht es auf das Geschichtenerzählen und Tratschen in den Spinnstuben zurück oder auf die Tatsache, dass im 18. Jahrhundert unter anderem Insassen sogenannter Irrenanstalten zur Zwangsarbeit am Spinnrad herangezogen wurden.

Der Ausdruck „Seemannsgarn Spinnen“ verweist auf die häufig sehr fantasievollen Reiseberichte der Matrosen.

„Spinnen am Morgen – Kummer und Sorgen. Spinnen am Abend – erquickend und labend“. Heute wird dieses Sprichwort oft fälschlich auf die achtbeinigen Krabbeltiere bezogen, aber die Bedeutung liegt beim Garnspinnen: Nur die ganz armen Leute mussten früher, um sich ein Zubrot oder gar den Lebensunterhalt zu verdienen, schon früh morgens spinnen. Die wohlhabenden Damen der feinen Gesellschaft trafen sich dagegen abends zur gemütlichen Handarbeit und Konversation.

Wem ist nicht schon einmal „der Faden gerissen“? Man sagt auch „ich habe den Faden verloren“, wenn jemand sich nicht mehr erinnert, was zuvor gesagt wurde, oder was er selbst noch erzählen wollte. Erstere Version stammt vermutlich direkt aus der Textilherstellung, die zweite Variante bezieht sich vielleicht auf den „Ariadnefaden“, der Theseus den Weg aus dem Labyrinth des Minotaurus zeigte.

Der sprichwörtliche „rote Faden“ geht zurück auf eine Beschreibung Goethes in seinen „Wahlverwandtschaften“: Die britische Marine benutzte als Diebstahlsicherung einen roten Kennfaden beim Herstellen ihres Tauwerks, der nicht herausgezogen werden konnte, ohne das Tau zu zerstören (Tillmann 2004, 39).

Abb. 48: Details von zwei leicht kitschigen Gemälden der heiligen Familie (Flohmarktfunde). Und jetzt ein Rätsel: Wer findet die Fehler? Nur ein Bild ist spinn-technisch und historisch betrachtet korrekt. Künstler unbekannt.

Spinnen als Symbol in der Kunst

In den Grabmalereien Ägyptens ging es vermutlich tatsächlich noch darum, Handwerkstechniken als solche zu zeigen. Aber schon in der griechischen und römischen Mythologie und ihrer bildlichen Darstellung zeigt sich eine Verknüpfung des Textilhandwerks mit der Sphäre der Frauen, häufig um weibliche Tugend oder häuslichen Fleiß zu symbolisieren.

Die biblische Urmutter Eva, die Jungfrau Maria und verschiedene Heilige, z.B. Elisabeth von Ungarn werden in der Malerei des Mittelalters und der Neuzeit immer wieder spinnend dargestellt. Das Spinnen symbolisiert auch in der christlichen Überlieferung zumeist weiblichen Fleiß, Treue und Tugendhaftigkeit.

Nur bei Eva steht das Spinnen analog zu Adams Feldarbeit für den arbeits- und entbehrungsreichen Kampf ums Überleben nach der Vertreibung aus dem Paradies (siehe Abb. 3).

Die Jungfrau Maria wird spinnend oder handarbeitend dargestellt, um ihre Tugendhaftigkeit zu symbolisieren und bildlich Josephs Zweifel an ihrer Keuschheit zu widerlegen.

Abb. 49: Der spinnend dargestellte Herkules und die lydische Königin Omphale.

Eg. Sandeler nach Fuchs und Kind 1913.

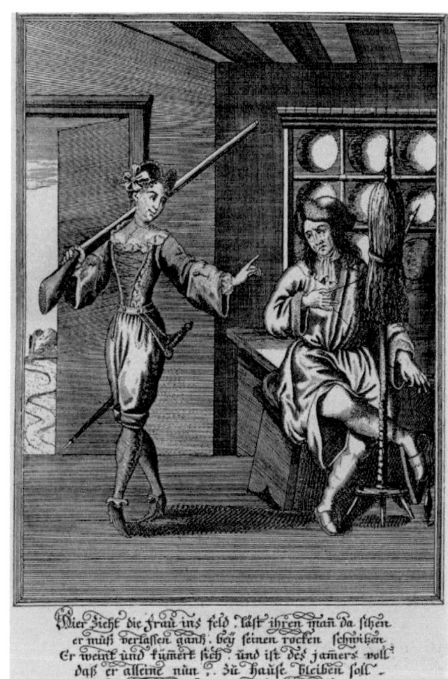

Abb. 50: „Verkehrte Welt“, Deutscher Kupferstich um 1750

Nach Fuchs und Kind 1913.

Auch adelige Frauen ließen sich handarbeitend darstellen. Denn nicht nur im einfachen Volk galt Fleiß als eine der höchsten weiblichen Tugenden. Schon in der Bibel wird über die tüchtige Frau gesagt: „Sie sorgt für Wolle und Flachs und schafft mit emsigen Händen. ... Nach dem Spinnrocken greift ihre Hand, ihre Finger fassen die Spindel. ... Sie webt Tücher und verkauft sie, ..." (Sprüche Salomos 31, Vers 10 ff.). Auch der Talmud sagt, dass Weben und Spinnen zu den Pflichten der verheirateten Frau gehört, und dass eine Sklavin, die spinnen kann, wertvoller sei, als eine die nur bäckt und kocht (Crockett 1980, S. 10).

Erscheinen dagegen Männer mit Spindel oder Spinnrad in der Kunst, so handelt es sich meist um satirische oder mahnende Bilder. Ein häufiges Motiv ist der spinnende Herkules mit der lydischen Königin Omphale, unter deren Einfluss der einstige Held verweichlichte und sich damit lächerlich machte.

Auch neuzeitliche Künstler nutzten diese Symbolik und warnten vor machtgierigen Frauen und Weiberherrschaft. „Schwache" Männer wurden mit Handarbeitszeug dargestellt oder sogar von Frauen mit Spinnrocken verprügelt.

Abb. 51: Detail aus dem Ölgemälde „A Golden Thread" von John Melhuish Strudwick (1885) mit den drei Schicksalsgöttinen Klotho, Lachesis und Atropos.
Bildquelle wikimedia.org.

Und was kommt nach der ganzen Spinnerei?

Genug gesponnen! Und jetzt?

Ein frisch gesponnenes Garn kann man normalerweise nicht direkt zu einem Stoff weiter verarbeiten. Durch den Drall fängt es sofort an, sich zu kleinen Würmchen zusammen zu drehen, wenn man es von der Spindel oder Spule abwickelt und nicht unter Spannung hält. Dagegen gibt es zwei Rezepte: Verzwirnen oder den Drall fixieren.

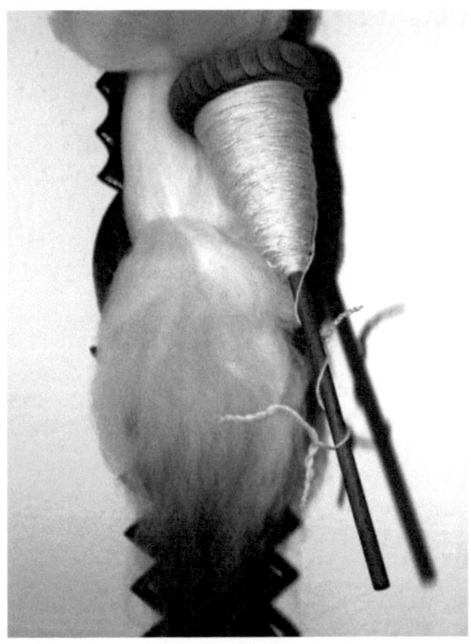

Abb. 52: Spinnpause! Die Kopfspindel hängt am Rocken und ruht sich aus. Man sieht, wie der lose Faden zwischen Spindel und Wollvorrat sich von allein zu kleinen Würmchen zusammenzwirnt.

Zum Fixieren wird das Garn gewaschen oder zumindest angefeuchtet und unter leichter Spannung wieder getrocknet. Danach haben sich die Fasern an die Drehung „gewöhnt" und das Garn bleibt glatt - zumindest wenn es nicht allzu stark überdreht war. Möchte man sein Garn später nicht verzwirnen, sondern es als einfaches unverzwirntes Garn (Dochtgarn) verarbeiten, sollte man die Fasern von vorneherein mit sehr wenig Drall verspinnen. Ein stark überdrehtes Garn lässt sich nicht auf Dauer fixieren, sondern wird sich wieder verziehen, wenn es das nächste Mal feucht wird.

Beim Zwirnen werden zwei oder mehr Garne üblicherweise entgegen ihrer Spinnrichtung miteinander verdreht. Man verzwirnt also beispielsweise zwei Z-gesponnene Garne in S-Richtung miteinander. Dabei sollte man die Stärke der Zwirndrehung so wählen, dass sie genau den Drall der beiden Ursprungsgarne auffängt, und man einen ausgeglichenen Zwirn erhält.

Beim Verzwirnen verwendet man häufig Hilfsmittel, um die einzelnen Ausgangsgarne auf Abstand zu halten, damit sie sich beim Abwickeln nicht in die Quere kommen und sich nicht schon vorher unkontrolliert verwirren. Dazu kann man Knäuel in getrennte Gefäße legen oder wenn man direkt von Spulen oder Spindeln zwirnt, diese irgendwo feststecken, von wo aus sie sich gut abrollen lassen. Für viele Spinnräder gibt es spezielle Zwirnaufsätze, die Platz für Spulen bieten.

Das Zwirngefäß von Pfakofen ist im Kapitel zum Frühmittelalter schon erwähnt worden. Aber auch aus Palästina, Kreta und Ägypten sind Funde von möglichen Zwirngefäßen bekannt. Diese haben allerdings nicht mehrere Tüllen, sondern in ihnen ist eine Art „Henkel" am Boden angebracht. Durch eingeschliffene Kerben in diesen Henkeln ist belegt, dass tatsächlich Fäden hindurch gezogen wurden. Es ist allerdings nicht sicher, ob diese Gefäße wirklich zum Verzwirnen dienten, oder ob sie vieleicht mit Wasser gefüllt zum Anfeuchten eines Vorgarnes aus Flachs verwendet wurden (Barber 1991, S. 71 ff.).

Das Haspeln

Nach dem Spinnen oder Zwirnen wird das Garn üblicherweise in Stränge gewickelt. Man kann dabei gleichzeitig die Länge des Garns bestimmen, die sogenannte Lauflänge. Das Verhältnis von Garngewicht und Länge dient als Maß, um gesponnene Garne „vergleichbar" zu machen. So werden auch bei maschinellen Garnen im Handarbeitsgeschäft üblicherweise diese beiden Maße auf der Banderole angegeben.
Solche Garnstränge wickelt man am professionellsten mit einer Haspel. Es gibt sie in den unterschiedlichsten Ausführungen, zum Beispiel kleine einfache Handhaspeln, Schirmhaspeln zum Aufspannen, horizontal drehende Standhaspeln und große, radförmige Haspeln, die man heute oft als aufsteckbares Zubehör zum Spinnrad kaufen kann. Früher standen sie aber eher einzeln und waren zum Teil sogar mit einem Zählwerk ausgestattet. Solche Zählwerke hatten eine Art Uhr mit Zeiger, der die Runden zählte, oder sie machten nach einer gewissen Anzahl von Umdrehungen (und damit einer festgelegten Garnlänge) ein klickendes oder knackendes Geräusch. Daher soll auch der sprichwörtliche „alte Knacker" kommen, denn die einfache Aufgabe des Garnhaspelns konnte auch von alten Leuten erledigt werden, deren Seh- oder Körperkraft für andere Tätigkeiten nicht mehr ausreichte. Hatte man kein Zählwerk musste man sehr aufpassen, sich nicht zu „verhaspeln"!
Die auf der Haspel zu Strängen gewickelten und möglichst an mehreren Stellen sorgfältig abgebundenen Garne können in dieser Form hervorragend gewaschen oder gefärbt werden, ohne dass die Fäden durcheinander geraten.

Abb. 53: Im Vordergrund zwei kleine Handhaspeln und einige Garnstränge, hinten eine große drehbare Standhaspel mit Zählwerk.

Das Spulen

Mit Hilfe eines Spulrades werden die Garne von der Haspel oder auch direkt vom Spinnrad umgespult, um sie für die Weberei zu benutzen. Entweder spulte man das Garn auf die Schussspulen des Webschützen oder auf sogenannte Scheibenspulen, die zum Kettschären, also zum Spannen der Kettfäden für den Webstuhl, dienten. Spulräder haben meist keinen Fußtritt und sind eher niedrig gebaut, da diese leichte Arbeit vermutlich häufig von Kindern verrichtet wurde (Tillmann 1981, S. 30).
Spulräder werden oft mit Spindelrädern verwechselt. Bei diesen muss aber zum Spinnen die Spindelspitze weit über die vordere Achse herausstehen. Durch eine stabförmige Verlängerung der Spulvorrichtung über die vordere Achse hinaus könnte man jedoch jedes Spulrad schnell in ein Spindelrad umwandeln.

Abb. 54: Spulrad mit zwei hintereinander geschalteten Antriebsrädern zur Erhöhung der Spulgeschwindigkeit.

Was macht man aus dem Garn?

Eine Beschreibung der vielen verschiedenen Techniken, mit denen früher wie heute Garne in aller Welt weiter verarbeitet wurden und werden, würde den Rahmen dieses Buches sprengen. Wer sich einen Überblick über die textilen Techniken verschaffen will, dem sei die Lektüre von Seiler-Baldinger (1973) empfohlen, oder, etwas weniger schematisch und detailreich, dafür aber mit schönen Fotos Gillow und Sentance (1999).
Nur um ein wenig die Phantasie zu beflügeln und vielleicht neugierig auf neue Techniken zu machen, sollen ein paar dieser Möglichkeiten aufgezählt werden: Nähen, Sticken, Knoten, Nadelbinden, Stricken, Häkeln, Knüpfen, Flechten, Zwirnbinden, Sprangen, Weben, Brettchenweben, Klöppeln, ...

IV. Jetzt bist Du dran: Spinnen kann jeder!

Dieses Buch ist ja der Begleitband zu einer Ausstellung und soll kein Anleitungsbuch zum Spinnen sein. Aber da in der Ausstellung das Spinnen mit der Handspindel erklärt wird und man es auch praktisch ausprobieren darf, soll dieser Teil im Buch nicht fehlen.

Es gibt inzwischen relativ viele brauchbare Anleitungen zum Spinnen mit der Handspindel im Internet, zum Teil sogar in Form von Filmen, die sehr hilfreich sind. Viele deutschsprachige Bücher, in denen Spinnanleitungen für die Handspindel enthalten sind, bekommt man nur noch antiquarisch. Ähnlich sieht es bei den Büchern zum Spinnradspinnen aus, aber eine Anleitung für all die unterschiedlichen Spinnradtypen würde den Rahmen dieses Buches sprengen.

Ich empfehle jedem, der das Spinnen erlernen möchte, es zuerst mit einer Handspindel zu versuchen. Es ist keine große Investition und wer die Technik einmal beherrscht, braucht sich beim Spinnen am Spinnrad zumindest um die Handhabung der Fasern keine Gedanken mehr zu machen. Und das ist auch gut so, denn es erfordert zu Beginn viel Konzentration, den Fußtritt gleichmäßig zu bedienen und das Spinnrad so einzustellen, dass es nicht zu viel aber auch nicht zu wenig „zieht".

Bevor Ihr ein Spinnrad kauft: Geht zu einer Spinngruppe (es gibt mehr, als Ihr vielleicht denkt), und probiert mal ein paar unterschiedliche Räder aus. Welches für Euch das optimale Rad ist, könnt Ihr so am besten herausfinden. Denn moderne Spinnräder sind zwar meistens gut konstruiert und gebaut, aber doch etwas zu teuer um einen Fehlkauf zu riskieren.

Alte Spinnräder auf dem Flohmarkt oder im Internet zu kaufen ist immer ein gewisses Risiko. Auch schon vor hundert Jahren wurden Spinnräder als reine Dekorationsobjekte gebaut und sie sind völlig ungeeigent zum Spinnen. Wichtig ist, dass alle Teile vorhanden und funktionstüchtig sind, denn ausser für den Antriebsriemen braucht man sonst fast immer einen Holzfachmann für das Herstellen von Ersatzteilen, und das kann teuer werden. Ein guter Hinweis auf ein „echtes" Rad, das also damals wirklich genutzt wurde, ist ein abgewetzter Fußtritt.

Wer doch ein Buch zur Spinnradbedienung möchte: Die meiner Meinung nach einfachste und auch verständlichste Anleitung zum Spinnen am Spinnrad ist Bette Hochbergs Büchlein „Handspinnen" (1981). Deutlich umfangreicher und mit Anleitungen zu vielen Geräten drum herum ist das Buch von Miriam Meertens (1981). Falls Ihr eines der beiden mal antiquarisch bekommen könnt: auf jeden Fall zuschlagen!

Die nun folgende Anleitung erklärt das Spinnen mit einer Fußspindel. Wer das Spinnen mit dieser Spindel gelernt hat, sollte in der Lage sein, die Tricks zur Handhabung anderer Spindeltypen selbst zu knacken.

Dem Anfänger empfehle ich als Spinnfaser Wolle im Vlies zu kaufen. Wolle ist die am einfachsten zu verspinnende Faser, und im Vlies sind die Fasern noch durcheinander und so stärker miteinander verhakelt. Bei Wolle im Kammzug liegen die Fasern parallel und gleiten schneller aneinander vorbei, was bei kurzen Fasern die Gefahr eines Fadenrisses erhöhen kann. Wer allerdings überhaupt nicht mit dem Ausziehen der Vlieswolle zurecht kommt und immer nur dicke Wollknubbel produziert, ist vielleicht doch mit einem Kammzug besser bedient. Durch die Anordnung der Fasern entstehen aus einem Kammzug eher glatte, feste Garne, aus Vlies oder Kardenband dagegen eher weiche und flauschige.

Die Anleitung ist für Rechtshänder angelegt, lässt sich aber spiegelbildlich umgedacht auch für Linkshänder nutzen.

Es lohnt sich, vor den ersten Versuchen mit der Handspindel ein paar „Trockenübungen" zu machen. Das Drehen der Spindel übt man mit einem Fadenrest, den man an die Spindel knotet und sie dann an der linken Hand baumeln lässt. Mit Daumen und Zeigefinger der rechten Hand wird das obere Ende des Stabes gefasst und wie bei einem Kreisel angedreht. Das sollte man ein paar Minuten üben und beobachten, was mit dem Faden passiert, je nachdem in welche Richtung gedreht wird.

Eine zweite Übung ist das Fadendrillen mit den Fingern. Man nimmt etwas Wolle, zieht ein paar Fasern heraus und verdreht diese zwischen den Fingern zu einem Faden. So bekommt man ein Gefühl dafür, wie der Faden „aus der Wolle gezogen wird".

Abb. 55: Zwischen dem Faservorrat und dem gesponnenen Faden liegt das sogenannte Faserdreieck. Beim Spinnen muss man die Technik beherrschen, hier die Fasern in der richtigen Menge aus dem Vorrat herauszuziehen und sie dem wachsenden Faden zuzuführen. Diesen Schritt sollte man vor den ersten Spinnversuchen mit der Spindel schon einmal nur mit den Händen üben. Das Verdrehen der Fasern, das hier zwischen Daumen und Zeigefinger geschieht, übernimmt später die sich drehende Spindel. Beim Spinnen muss von der spinnenden Person dann nur noch das Herausziehen neuer Fasern und das Hineinlaufenlassen des Dralls in das Faserdreieck kontrolliert werden.

Anleitung zum Spinnen mit der Handspindel

Linkshänder können alle Anweisungen spiegelbildlich ausführen.

1. Vorbereitung der Spindel

Der Garnanfang oder ein an der Spindel befestigter Vorfaden wird auf etwa 40 cm Länge abgewickelt. Dann führt man ihn unter dem Wirtel entlang und schlingt ihn um den Spindelstab (Bild 1). Der Faden wird wieder nach oben geführt und überkreuzt dabei den nach unten laufenden Faden. Jetzt wird er einmal oben um den Spindelstab geschlungen und in den Haken oder die Kerbe eingehängt (Bild 2). Bei einer Spindel mit glattem Schaft wird der Faden oben mit einer einmal gedrehten Schlaufe fixiert.

Bilder 1 und 2: Das Aufwickeln des Anfangsfadens auf die Spindel. So kann er sich beim Loslassen der Spindel nicht lösen und abwickeln.

2. Den Faden anspinnen

Ist der Fadenanfang nicht mit der losen Wolle verbunden, muss man neu anspinnen. Er wird hierzu fächerförmig auseinandergezupft (Bild 3). Dieses „geöffnete“ Ende legt man in die lose Wolle. Zwischen linkem Daumen und Zeigefinger wird diese Verbindungsstelle gut festgehalten. Die restliche lose Wolle liegt locker dahinter in der linken Hand (Bild 4). Jetzt wird die Spindel wie ein Kreisel mit Daumen und Zeigefinger der rechten Hand gedreht. Nach einer Weile stoppt sie und will sich wieder in die andere Richtung drehen. Das soll sie natürlich nicht! Deshalb wird sie erst einmal angehalten, indem man sie am Bein anlehnt oder auf dem Boden aufsetzt.

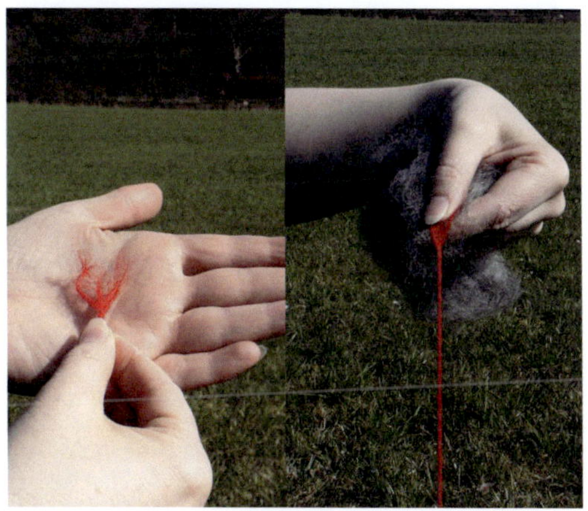

Bilder 3 und 4: Der Fadenansatz wird auseinander gezupft und das offene Ende in die lose Wolle gelegt.

3. Drall in die Wolle laufen lassen

Durch die Drehung ist jetzt sehr viel Drall auf dem Faden.

Mit der rechten Hand greift man nun oben locker den Faden. Dann lässt man die rechte Hand am Faden entlang nach oben gleiten und der Drall kann zwischen Daumen und Zeigefinger in die lose Wolle hineinlaufen (Bild 5). Der Fadenanfang verbindet sich mit der Wolle (Bild 6).

Mit rechts wird der neue Fadenanfang nun ganz fest gefasst, und man zieht vorsichtig etwas Wolle aus der linken Hand heraus. Diese neu herausgezogenen Fasern zwischen den Händen bilden das sogenannte Faserdreieck (Bild 7). Immer wieder zieht man nun ein neues Faserdreieck heraus und lässt dann den Drall hineinlaufen, bis die Spindel neu angedreht werden muss. Nur beim Drehen der Spindel mit der rechten Hand muss die Linke den Übergangsbereich von Faden zu loser Wolle richtig festhalten. Ansonsten hält die linke Hand die Wolle immer ganz locker und unverkrampft (Bild 8).

Bilder 5, 6, 7 und 8: Die Spindel wird gedreht und der Drall über den Faden in die lose Wolle geleitet. Hier bildet sich aus einigen herausgezogenen Fasern ein neues Stück Faden. Auf dem dritten Bild sieht man das Faserdreieck, das zwischen beiden Händen liegt.

Bild 9, 10 und 11: Der neu gesponnene Faden wird auf die Spindel gewickelt und der Fadenanfang wie in Schritt 1 neu befestigt.

4. Den Faden aufwickeln

Schritt 3, also das Herausziehen eines neuen Faserdreiecks und das Hineinlaufenlassen des Dralls, wird jetzt so lange wiederholt, bis nicht mehr genug Drall auf dem Faden ist. Dann muss man die Spindel erneut andrehen. Dabei darf man auf keinen Fall in die falsche Richtung drehen!

Wird der Faden zu lang, muss er oben gelöst und die Schlaufe unter dem Wirtel abgewickelt werden. Dann kann man den neu gesponnenen Faden oberhalb des Wirtels auf den Stab wickeln (Bild 9). Danach wird er wieder wie in Schritt 1 an der Spindel befestigt (Bild 10).

Wer alle diese Schritte beherrscht, kann versuchen, die Spindel nicht zwischendrin durch Aufsetzen auf dem Boden oder Anlehnen am Bein zu stoppen. Stattdessen muss man noch während sie sich in der Luft dreht immer wieder neue Wolle herauszuziehen und den Drall hineinlaufen lassen (Bild 11).

Das ist aber schon für Fortgeschrittene!

V. Literaturliste

Zitierte Quellen (Text und Abbildungen) und weiterführende Literatur.
Jedes dieser Bücher hat aber auch noch mal eine eigene Literaturliste – es gibt also mehr Literatur zum Thema Spinnen, als man vielleicht vermutet! Und über die Fernleihe, die von vielen Bibliotheken angeboten wird, bekommt man fast alles!

Backhouse 2000: Janet Backhouse, Medieval Rural Life in the Luttrell Psalter, London 2000.

Baines 1977: Patricia Baines, Spinning Wheels, Spinners and Spinning, 2. Auflage, New York 1977.

Bar-Yosef 1985: Ofer Bar-Yosef, A Cave in the Desert – Nahal Hemar, Jerusalem 1985.

Barber 1991: Elisabeth J. W. Barber, Prehistoric Textiles, Princeton und Oxford 1991.

Barber 1994: Elizabeth Wayland Barber, Women's Work: The First 20.000 Years. Women, Cloth and Society in Early Times, New York und London 1994.

Bartel und Codreanu-Windauer 1995: Anja Bartel, Silvia Codreanu-Windauer, Spindel – Wirtel – Topf. Ein besonderer Beigabenkomplex aus Pfakofen, Lkr. Regensburg. Bayerische Vorgeschichtsblätter 60, 1995, S. 251-272.

Blisniewski 1992: Thomas Blisniewski, Kinder der dunklen Nacht. Die Ikonographie der Parzen vom späten Mittelalter bis zum späten XVIII. Jahrhundert, Köln 1992.

Blisniewski 2009: Thomas Blisniewski, Frauen, die den Faden in der Hand halten, München 2009.

Bodmer 1940: Annemarie Bodmer, Spinnen und Weben im französischen und deutschen Wallis, Dissertation, Zürich 1940.

Bohnsack 2002: Almut Bohnsack, Spinnen und Weben, Bramscher Schriften Band 3, Bramsche 2002.

Brøgger und Schetelig 1928: A.W. Brøgger, H. Schetelig (Hrsg.), Osebergfunnet vol. II, Oslo 1928.

Buxton-Keenlyside 1980: Judith Buxton-Keenlyside, Selected Canadian Spinning Wheels in Perspecive: An Analytical Approach, National Museum of Man Mercury Series, History Division Paper No. 30, Ottawa 1980.

Crockett 1980: Candace Crockett, Das komplette Spinnbuch, Bonn 1980.

Chao 1977: Kang Chao, The Development of Cotton Textile Production in China, Cambridge 1977.

Crowfoot 1931 (1974): Grace M. Crowfoot, Methods of Hand Spinning in Egypt and the Sudan, Halifax 1931 (reprinted 1974).

Dalman 1937: Gustav Dalman, Arbeiten und Sitte in Palästina, Band V, Webstoff, Spinnen, Weben, Kleidung, Gütersloh 1937.

Dunning 1992: Cynthia Dunning, Le filage, helvetia archaeologica 23/1992-90, S. 43-50.

Eibner 2000/2001: Alexandrine Eibner, Die Stellung der Frau in der Hallstattkultur anhand der bildlichen Zeugnisse, Mitteilungen der Anthropologischen Gesellschaft in Wien, Band 130/131, 2000/2001, S. 107-136.

Freckmann, Simons und Grunsky-Peper 1979: Klaus Freckmann, Gabriel Simons und Konrad Grunsky-Peper, Flachs im Rheinland; Anbau und Verarbeitung, Freilichtmuseum Sobernheim, Sobernheim 1979.

Fuchs 1909: Eduard Fuchs, Illustrierte Sittengeschichte vom Mittelalter bis zur Gegenwart, Bd. 1, Renaissance, München 1909.

Fuchs und Kind 1913: Eduard Fuchs und Alfred Kind, Die Weiberherrschaft in der Geschichte der Menschheit, Band 1 und 2, München 1913.

Gillmeister-Geisenhof 1994: Evelyn Gillmeister-Geisenhof, Flachs wie Engelshaar, Flachsverarbeitung am Beispiel des Marktes Flachslanden, Ansbach 1994.

Gillow und Sentance 1999: John Gillow und Bryan Sentance, Atlas der Textilien, Bern/Stuttgart/Wien 1999.

Glafey 1928: Hugo Glafey, Spinnen und Zwirnen, Leipzig 1928.

Grömer 2005: Karina Grömer, Efficiency and technique – Experiments with original spindle whorls. In: P. Bichler, K. Grömer, R. Hofmann-de Keijzer et al. (Hrsg.), Hallstatt Textiles, Oxford 2005, S. 107-116.

Grömer 2006: Karina Grömer, Vom Spinnen und Weben, Flechten und Zwirnen. Archäologie Österreichs 17/2, 2006, Festschrift für Elisabeth Ruttkay, S. 177-192.

Herders Konversationslexikon 1907: Band VIII, Dritte Auflage, Freiburg 1907.

Hochberg 1981: Bette Hochberg, Handspinnen, Bonn 1981.

Höllhuber 1981: Alfred Höllhuber, Spinnwirtel aus dem Fundgut von Mühlviertler Burgen. Jahrbuch des oberösterreichischen Musealvereins 126/1, 1981, S. 79-109.

Hörmann 2004: Barbara Hörmann (Hrsg.), Schaf – Wolle – und? Der Nutzen vom lebenden Schaf, Deutsches Hirtenmuseum Hersbruck 2004.

Horwitz 1934: Hugo Th. Horwitz, Die Drehbewegung in ihrer Bedeutung für die Entwicklung der Materiellen Kultur, Anthropos 29, 1943, S. 99-125.

Jenkins 2003: David Jenkins (Hrsg.), The Cambridge History of Western Texiles I & II, Cambridge 2003.

Kargaudiene 1989: Ausra Kargaudiene, Litauische Volkskunst. Die Spinnrocken, Katalog Kaunasser Staatliches M.-K.-Ciurlionis-Kunstmuseum, Kaunas 1989.

Kimakowicz-Winnicki 1910: M. von Kimakowicz-Winnicki, Spinn- und Webewerkzeuge. Entwicklung und Anwendung in vorgeschichtlicher Zeit Europas, Würzburg 1910.

Körber-Grohne 1994: Udelgard Körber-Grohne, Nutzpflanzen in Deutschland, Kulturgeschichte und Biologie, 3. Auflage, Stuttgart 1994.

Kuhn 1988: Dieter Kuhn, Textile Technology: Spinning and Reeling. In: Joseph Needham, Science and Civilisation in China. Volume 5, Chemistry and Chemical Technology. Part IX. Cambridge u.a. 1988.

Lange 1930: Heinrich Lange, Hans Jürgen und das Spinnrad, Sonderdruck aus der Deutschen Drechsler-Zeitung, Leipzig 1930.

Leadbeater 1979: Eliza Leadbeater, Spinning and Spinning Wheels, Shire Album 43, 1979.

Linder 1967: Alfred Linder, Spinnen und Weben einst und jetzt, Luzern 1967.

Liu 1978: Robert K. Liu, Spindle Whorls Part I: Some Comments and Speculations. The Bead Journal 3, 1978, S. 87-103.

Ludwig 1990: Karl-Heinz Ludwig, Spinnen im Mittelalter unter besonderer Berücksichtigung der Arbeiten „cum rota“, Technikgeschite 57, 2, 1990, S. 77-89.

Man 1868: Georg Man, Das Schaf. Seine Wolle, Racen, Züchtung, Ernährung und Benutzung, sowie dessen Krankheiten, Breslau 1868.

Meertens 1981: Miriam Meertens, Das große Spinnbuch, Bern und Stuttgart 1981.

Moeller 1976: Walter O. Moeller, The Wool Trade of Ancient Pompeii, Leiden 1976.

Newberry 1893: Percy E. Newberry, El Bersheh Part I (The Tomb of Tehuti Hetep), London 1893.

Nyberg 1990: Gertrud Grenander Nyberg, Spinning implements of the Viking Age from Elisenhof in the light of ethnological studies. In: Penelope Walton and John-Peter Wild, Textiles in Northern Archaeology, NESAT III: Textile Symposium in York 6-9 May 1987, London 1990, S. 73-84.

Oppel 1902: A. Oppel, Die Baumwolle, Leipzig 1902.

Petrikovits 1981: Harald von Petrikovits, Die Spezialisierung des römischen Handwerks. In: Jankuhn u.a. (Hrsg.), Das Handwerk in vor- und frühgeschichtlicher Zeit, Göttingen 1981, S. 63-132.

Rast-Eicher 2005: Antoinette Rast-Eicher, Bast before Wool: the first textiles. In: P. Bichler, K. Grömer, R. Hofmann-de Keijzer et al.(Hrsg.), Hallstatt Textiles, Oxford 2005, S. 117-131.

Raven 2003: Lee Raven, Spin It – Making Scrach from Yarn. Interweave Press, Loveland, 2003.

Rettich 1895: Hugo Edler von Rettich, Spinnradtypen, Wien 1895.

Ryder 1968: M. L. Ryder, The Origin of Spinning. Textile History 1/1968, S. 73-82.

Schade-Lindig und Schmitt 2003: Sabine Schade-Lindig, Astrid Schmitt, Außergewöhnliche Funde aus der bandkeramischen Siedlung Bad Nauheim-Nieder-Mörlen, “Auf dem Hempler” (Wetteraukreis): Spinnwirtel und Webgewichte. Germania 81, 2003, S. 1-24.

Schoneweg 1923: Eduard Schoneweg, Das Leinengewerbe in der Grafschaft Ravensberg, Bielefeld 1923.

Seiler-Baldinger 1973: Annemarie Seiler-Baldinger, Systematik der textilen Techniken. Basel 1973.

Soffer, Adovasio und Hyland 2000: O. Soffer, J.M. Adovasio und D.C. Hyland, The "Venus" Figurines. Textiles, Basketry, Gender, and Status in the Upper Paleolithic. Current Anthropology 41, 4, 2000, S. 511-536.

Tillmann 1981: Walter Tillmann, Spinnen und Weben. Textilverarbeitung am Niederrhein, Köln 1981.

Tillmann 2004: Walter Tillmann, Von Plunder und Fallstricken; Doppelsinning gesponnen + gewebt, Viersen 2004.

Tillmann 2006: Walter Tillmann, Flachsspinnen und Not, jedoch Arbeit und Brot, Viersen 2006.

Vallinheimo 1956: Veera Vallinheimo, Das Spinnen in Finnland unter besonderer Berücksichtigung schwedischer Tradition, Helsinki 1956.

Völling 2008: Elisabeth Völling, Textiltechnik im alten Orient, Rohstoffe und Herstellung, Würzburg 2008.

Vogt 2008: Sigrid Vogt, Geschichte und Bedeutung des Spinnrads, Aachen 2008.

Waldburg-Wolfegg 1957: Johannes Graf Waldburg-Wolfegg, Das mittelalterliche Hausbuch, Betrachtungen vor einer Bilderhandschrift, München 1957.

Warner 1912: Sir George Warner, Queen Mary's Psalter, Miniatures and Drawings by an English Artist of the 14th Century, London 1912.

Weir 1970: Shelagh Weir, Spinning and weaving in Palestine, London 1970.

Wild 1970: J.P. Wild, Textile Manufacture in the Northern Roman Provinces, Cambridge 1970.

Winiger 1995: Josef Winiger, Die Bekleidung des Eismannes und die Anfänge der Weberei nördlich der Alpen. In: K. Spindler et al. (Hrsg.), Der Mann im Eis – Neue Funde und Ergebnisse, Wien und New York, 1995, S. 120 – 187.

ps

Ich hoffe Euch hat das Lesen so viel Spaß gemacht, wie mir das Recherchieren und Schreiben. Es hätte noch so viel mehr gegeben, was man in dieses Buch hätte hineinstopfen können, aber es sollte ja nur eine Einführung sein und Euch vor allem neugierig machen. Neugierig auf andere tolle Bücher zum Thema und vor allem auf das Spinnen selbst!

Zu manchen Zeiten war neben der Hausarbeit und dem Kinderkriegen das Spinnen und Herstellen von Kleidung die einzige Arbeit, die eine „anständige" Frau tun durfte – aber auch musste. Heute dürfen Frauen zumindest bei uns in Mitteleuropa weitestgehend selbst entscheiden, welchem Beruf sie nachgehen wollen. Neben Berufstätigkeit, Hausarbeit und Kindern bleibt allerdings oft kaum noch Zeit für anderes. Trotzdem möchte ich dazu ermutigen, sich mal ein paar Minuten Auszeit zu nehmen und es mit dem Spinnen zu versuchen. Diese uralte, beruhigende, ja fast meditative Handarbeit kann nach dem Überwinden einiger Anfangsschwierigkeiten eigentlich jede(r) meistern.

In ganz Deutschland gibt es wieder Gruppen, die sich zum Spinnen treffen und die alte Tradition der Spinn- oder Rockenstuben wiederbeleben. Und wie zu allen Zeiten sind auch Männer darunter, die mutig dazu stehen dem Kreiseln der Spindel oder der Technik des Spinnrades verfallen zu sein.

Ich würde mich freuen Euch alle irgendwann kennen zu lernen, vielleicht beim Spinnen auf einem Museumsfest, auf einem Treffen der Handspinngilde oder anderer Spinngruppen, auf Woll-, Textil- oder Kunsthandwerkermärkten, bei Kursen oder vielleicht auch im Internet. Wer mich kontaktieren will, macht das am besten über meine Homepage www.filzfee.de (jaaa, mit Wolle kann man noch mehr machen als nur Spinnen!). Ich freue mich über jede Anregung oder konstruktive Kritik.

Ulrike Claßen-Büttner

Zum Abschluss noch ein Zitat zum Schmunzeln:
„Spinnen, eine rein mechanische Tätigkeit, regte an zu einer spezifisch weiblichen Geselligkeit…" (H. Döber, Vom Lendenschurz zum Minirock, 1972, S. 229)